Flash 动画设计与制作

高德梅　主编

南开大学出版社

天　津

图书在版编目(CIP)数据

Flash 动画设计与制作 / 高德梅主编. —天津:南
开大学出版社,2016.7(2019.2重印)
ISBN 978-7-310-05122-9

Ⅰ.①F… Ⅱ.①高… Ⅲ.①动画制作软件 Ⅳ.
①TP391.41

中国版本图书馆 CIP 数据核字(2016)第 125170 号

南开大学出版社出版发行

出版人:刘运峰

地址:天津市南开区卫津路 94 号　　邮政编码:300071
营销部电话:(022)23508339　23500755
营销部传真:(022)23508542　　邮购部电话:(022)23502200

*

昌黎县佳印刷有限责任公司印刷
全国各地新华书店经销

*

2016 年 7 月第 1 版　　2019 年 2 月第 4 次印刷
260×185 毫米　16 开本　17 印张　426 千字
定价:69.00 元

如遇图书印装质量问题,请与本社营销部联系调换,电话:(022)23507125

企业级卓越互联网应用型人才培养解决方案

一、企业概况

天津滨海迅腾科技集团是以 IT 产业为主导的高科技企业集团,总部设立在北方经济中心——天津,子公司和分支机构遍布全国近 20 个省市,集团旗下的迅腾国际、迅腾科技、迅腾网络、迅腾生物、迅腾日化分属于 IT 教育、软件研发、互联网服务、生物科技、快速消费品五大产业模块,形成了以科技为源动力的现代科技服务产业链。集团先后荣获"全国双爱双评先进单位""天津市五一劳动奖状""天津市政府授予 AAA 级和谐企业""天津市文明单位""高新技术企业""骨干科技企业"等近百项殊荣。集团多年中自主研发天津市科技成果 2 项,自主研发计算机类专业教材 36 种,具备自主知识产权的开发项目包括"进销存管理系统""中小企业信息化平台""公检法信息化平台""CRM 营销管理系统""OA 办公系统""酒店管理系统"等数十余项。2008 年起成为国家工业和信息化部人才交流中心"全国信息化工程师"项目联合认证单位。

二、项目概况

迅腾科技集团"企业级卓越互联网应用型人才培养解决方案"是针对我国高等职业教育量身定制的应用型人才培养解决方案,由迅腾科技集团历经十余年研究与实践研发的科研成果,该解决方案集三十余本互联网应用技术教材、人才培养方案、课程标准、企业项目案例、考评体系、认证体系、教学管理体系、就业管理体系等于一体。采用校企融合、产学融合、师资融合的模式在高校内建立校企共建互联网学院、软件学院、工程师培养基地的方式,开展"卓越工程师培养计划",开设互联网应用技术领域系列"卓越工程师班","将企业人才需求标准引进课堂,将企业工作流程引进课堂,将企业研发项目引进课堂,将企业考评体系引进课堂,将企业一线工程师请进课堂,将企业管理体系引进课堂,将企业岗位化训练项目引进课堂,将准职业人培养体系引进课堂",实现互联网应用型卓越人才培养目标,旨在提升高校人才培养水平,充分发挥校企双方特长,致力于互联网行业应用型人才培养。迅腾科技集团"企业级卓越互联网应用型人才培养解决方案"已在全国近二十所高校开始实施,目前已形成企业、高校、学生三方共赢格局。未来五年将努力实现在 100 所高校实施"每年培养 5~10 万互联网应用技术型人才"发展目标,为互联网行业发展做好人才支撑。

前　言

　　首先感谢您选择了企业级卓越动漫设计应用型人才培养解决方案，选择了本教材。本教材是企业级卓越动漫设计应用型人才培养解决方案的承载体之一，面向行业应用于产业发展需求，系统传授动漫设计全过程的理论和技术，并注重动漫设计管理知识的传授和案例教学。

　　本教材完全以动漫的设计与建设为主线，以 Flash 为基本工具，由浅入深、循序渐进地介绍了 Flash 的各种功能以及动漫设计与建设的方方面面，涵盖众多优秀 Flash 动漫设计师的宝贵实战经验，以及丰富的创作灵感和设计理念。

　　本书共 6 章，以"软件工具"→"贺卡制作"→"广告设计"→"短片制"→"Action动作"→"组件实例"为线索。内容从 Flash 详细功能介绍、动画制作基础知识开始，逐步讲解创建工作窗口、位图与矢量图、文档设置及 分镜绘制、短片所需声音素材导入整理、动作脚本的基本常识、常用语句，创建复选框等内容，循序渐进地讲述了 Flash 动漫设计与建设的基础知识。每一章的理论知识后面都有相应的上机内容，从而达到了理论与实践相结合的目的。通过本书的学习，学员们可以熟练地使用 Flash 设计和制作出丰富多彩的图像和视频。并且能够利用时间线进行动画制作；也可以利用 Flash 工具，使网页内容更为丰富多彩；结合脚本与组件等功能，我们则可以进行更为灵活的交互动画设计。

　　本书简明扼要、通俗易懂、即学即用，各种 Flash 技术都通过相应的操作实例进行了详细的介绍，并有相应的操作步骤和图形结果，不仅适合没有 Flash 动画制作经验的读者学习，也适合有一定 Flash 动画制作经验的读者参考。

　　企业级卓越动漫设计应用型人才培养解决方案能够帮助你掌握知识、培养动漫工程意识，取得所向往的目标。成功在微观层次上看是"方法"的成功，如果说未能达到理想中的目标的话，大部分原因可以归结为方法不恰当。本课程强调掌握学习的方法，创造新的事务处理规则，触类旁通、举一反三，在学习或工作中，坚持这种思想虽然会在前期有一定的困难，但当不断深入后，将会发现学习也会变得越发有趣了。

　　由于作者水平有限，加之动漫行业的快速变化，书中难免有不当和疏漏之处，欢迎广大读者对本书提出批评和建议。我们的邮箱是：develop_etc@126.com。

天津滨海迅腾科技集团有限公司课程研发部

2016 年 5 月

目 录

第 1 章　Flash CS6 软件工具

学习目标

✧　掌握 Flash CS6 各个板块的命令使用并熟练操作。

✧　通过软件制作各种风格的人物及场景。

课前准备

安装 Flash CS6 软件。

1.1　Flash CS6 的工作环境

　　Flash 是网页三剑客（Dreamweaver，Fireworks，Flash）之一，最初是由美国 Macromedia 公司所设计的二维动画软件，全称 Macromedia Flash（被 Adobe 公司收购后称为 Adobe Flash），主要用于设计和编辑 Flash 文档。是交互式矢量图和 Web 动画的标准。附带的 Macromedia Flash Player，用于播放 Flash 文档。

　　Flash 可以包含简单的动画、视频内容、复杂演示文稿和应用程序以及介于它们之间的任何内容。它强大的功能受到广大用户的认可，深受广大动画制作爱好者的喜爱，也逐渐被各院校纳入学习课程。其特性如下：

- 被大量应用于互联网网页的矢量动画文件格式。
- 使用向量运算（Vector Graphics）的方式，产生出来的影片占用存储空间较小。
- 使用 Flash 创作出的影片有自己的特殊档案格式（swf）。
- 该公司声称全世界 97%的网络浏览器都内建 Flash 播放器（Flash Player）。
- 是 Macromedia/Adobe 提出的"富因特网应用"（RIA）概念的实现平台。

1.1.1　开始页

运行 Flash CS6，首先看到的是"开始页"。"开始页"将常用的任务都集中放在一个页面中，包括"打开最近项目""创建新项目""从模板创建""扩展"以及对官方资源的快速访问，如图 1-1 所示。

图 1-1

如果要隐藏"开始页"，可以单击选择"不再显示此对话框"，然后在弹出的对话框单击"确定"按钮。

如果要再次显示开始页，可以通过选择【编辑】→【首选参数】命令，打开"首选参数"对话框，然后在"常规"类别中设置"启动时"选项为"显示开始页"即可。

1.1.2　工作窗口

在"开始页"，选择"创建新项目"下的"Flash 文档"，就可启动 Flash CS6 的工作窗口并新建一个影片文档，或点击左上角"文件"下的"新建"，也可使用键盘快捷键 Ctrl+N，出现"新建文档"类型提示框，选择"flash 文档"点击"确定"按钮进入 Flash CS6 的工作窗口。

Flash CS6 的工作界面，主要包括标题栏、菜单栏、工具箱、文档选项卡、时间轴、舞台工作区、属性面板和多个控制面板等几个部分，如图 1-2。

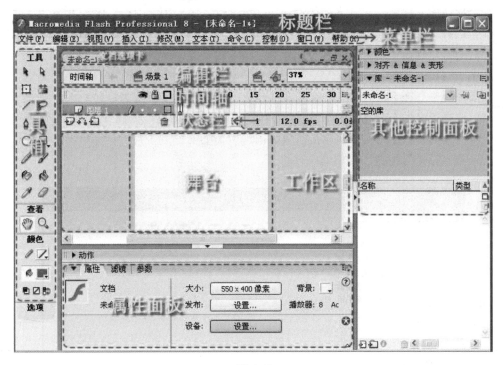

图 1-2

标题栏：在软件的最上面，分别由控制菜单按钮 、软件名称 Macromedia Flash 、当前编辑文档名称 - [未命名-1] 、窗口控制按钮 组成。

菜单栏：包含了 Flash CS6 的很多控制命令，通过它们可很方便快捷地进行工作。

工具栏：主要由工具、查看、颜色、选项四个小版块组成，是 Flash 动画制作不可缺少的部分。

文档选项卡：主要用于切换当前需要编辑的文档。

编辑栏：用于"时间轴"的隐藏或显示、"编辑场景"或"编辑元件"的切换、舞台显示比例、最小化、关闭等设置。

时间轴：是进行动画创作和内容编排的重要场所，包含了控制文档内容在一定时间内播放的图层数和帧数。

舞台工作区：舞台是用来制作动画的区域（默认为白色的区域），周围的灰色区域为工作区。

属性面板：属性面板由"属性""滤镜""参数"3 部分选项卡组成多个控制面板；多个控制面板主要由"颜色""变形""库"等多个控制面板构成。

1.1.3　Flash 文件的新建、保存、打开等

1. 新建文档

新建一个新的文档可以通过以下几个方式：

（1）启动 Flash CS6，出现"开始页"， 选择"创建新项目"下的"Flash 文档"，这样就启动 Flash CS6 的工作窗口并新建一个空白的 Flash 文档，然后 Flash 界面的标题栏上就会显示一个默认的文件名"未命名 1"。

（2）选择【文件】下拉菜单中【新建】命令，或者使用快捷键【Ctrl+N】，弹出"新建文档"对话框，单击"确定"按钮便可新建一个文档。

2. 打开 Flash 文件

如果系统中存在 Flash 文件，就可以打开进行编辑。操作方法为：

（1）选择【文件】→【打开】命令，弹出"打开"对话框，如图 1-3。在对话框"查找范围"的下拉列表中选择文件所在的位置，出现所需的文件列表后，鼠标单击选中要打开的文件，单击"打开"按钮，即将此文件打开。

图 1-3

（2）进入"我的电脑"打开文件所在文件夹，双击 Flash 文件便打开。

若要打开最近项目，可选择【文件】→【打开最近的文件】中下拉列表中选择最近曾打开过的文件。

3. 保存 Flash 文件

对编辑的 Flash 文件应进行随时保存，保存文件的方式有：保存、另存为以及另存为模板。

（1）保存：选择【文件】→【保存】命令，使用快捷键【Ctrl+S】，如为第一次保存，会弹出"另存为"对话框，可以对其进行存储位置选择、文件名进行修改等，如图 1-4。如果已经保存过了，则会直接保存修改。文件的扩展名是.fla。

图 1-4

另外，选择【控制】→【测试影片】命令，使用快捷键【Ctrl+Enter】，弹出测试窗口，在窗口中可以观察到影片的效果，并且还可以对影片进行调试。关闭测试窗口可以返回到影片编辑窗口对影片继续进行编辑。

找到文档保存的文件夹，可以观察到两个文件，如图 1-5 所示。红色的是影片文档源文件（扩展名为.fla），也就是保存的文件。白灰色的是影片播放文件（扩展名为.swf），也就是测试影片时自动产生的文件，直接双击影片播放文件可以在 Flash 播放器中播放动画。

图 1-5

（2）另存为：另存为是指将已经保存过的文件以另一个命名或另一个位置进行保存。

选择【文件】→【另存为】，使用快捷键【Ctrl+Shift+S】，弹出"另存为"对话框。在"保存在"的选项区域选择要保存的位置，在"文件名"选项区域输入新的命名，单击"保存"按钮即完成。

需注意的是，Flash 在打开影片文件时，可以向下兼容低版本创建的影片文件，但不能向上兼容高版本创建的文件。如有需要，可以将影片文件保存为低版本，以便其他工作者使用。其高版本也如下操作。

选择【文件】→【另存为】，选择好保存路径并设置好名称后，在"保存类型"下拉列表中选择"Flash MX 2004 文档"即完成低版本存储。

（3）另存为模板：将文件另存为模板，可以将此模板中的格式应用到其他文件上，达到统一各个文件格式的效果。

　　选择【文件】→【另存为模板】命令，弹出"另存为模板"对话框，如图 1-6。在"名称"处输入名称，在"类别"下拉列表中选择要保存的类型，在"描述"文本框中可输入详细说明，单击"保存"按钮即可将此文件保存为模板形式。

图 1-6

4. 关闭 Flash 文件

　　完成文件编辑后，点击 Flash CS6 右上角的关闭按钮会全部退出，若想关闭当前文件而不退出软件的应用程序可以选择需要关闭的文件的标签，单击"时间轴"面板上方的"关闭"按钮，或快捷键【Ctrl+W】，如图 1-7。

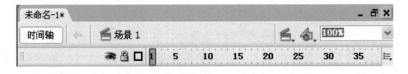

图 1-7

　　课后练习：练习并掌握本节学习的 Flash 文件基本操作。

1.2　Flash CS6 的基本应用

1.2.1　界面之工具和面板

1. 面板的基本操作

　　上面了解了工作窗口的构成，进入 Flash CS6 程序看到的是默认各个窗口的排版。这些面板都是可以进行操作的，例如：重命名、折叠、移动等。

　　（1）打开面板　通过选择"窗口"菜单中的相应命令可以打开指定面板。

　　（2）关闭面板　在已经打开的面板标题栏上右击，在快捷菜单中选择"关闭面板组"命令即可。

（3）重组面板　在已经打开的面板标题栏上右击，在快捷菜单中选择"将面板组合至"某个面板中即可。

（4）重命名面板组　在面板组标题栏上右击，在快捷菜单中选择"重命名面板组"命令，打开"重命名面板组"对话框。在定义完"名称"后，单击"确定"按钮即可。如果不指定面板组名称，各个面板会依次排列在同一标题栏上。

（5）折叠或展开面板　单击标题栏或者标题栏上的折叠按钮可以将面板折叠为其标题栏。再次单击即可展开。

（6）移动面板　可以通过拖动标题栏左侧的控点 ⫶ 移动面板位置或者将固定面板移动为浮动面板。

（7）恢复默认布局　通过选择【窗口】→【工作区布局】→【默认】命令即可。

2. "帮助"面板

选择菜单栏【帮助】→【Flash 帮助】命令或快捷键【F1】，即可打开"帮助"面板。

"帮助"面板里面包含了大量的学习资源，对 Flash CS6 的各种功能进行了详细的说明。可以利用其随时对软件的不明之处进行查询。如果在学习的过程中遇到困难，点开"帮助"面板，不知道从哪里入手寻找帮助，可以在搜索前面的可输入区域输入需要帮助的词条或短语，然后点击"搜索"按钮，包含其词条或短语的语段便会显示出来。点击"更新"按钮 ⟲ 可获得新的信息。如果有新的信息提示，确认连接到 Internet，可按照说明下载帮助系统。

3. "动作"面板

选择菜单栏【窗口】→【动作】命令或快捷键【F9】，即可打开"动作"面板。

"动作"面板可以创建和编辑对象或帧的动作，是专门为 Flash 的脚本编程语言。

ActionScript 提供的一种操作界面，主要由"动作工具箱""脚本导航器"和"脚本"窗口组成，如图 1-8 所示。

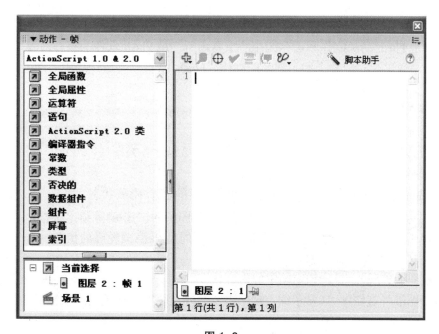

图 1-8

关于此面板的详细应用，我们会在后面的章节中具体讲解。

4."属性"面板

此面板由"属性""滤镜"以及"参数"3 部分选项卡组成，它很方便设置了舞台和时间轴上当前选定对象的常用属性，从而加快 Flash 创作的过程，如图 1-9。

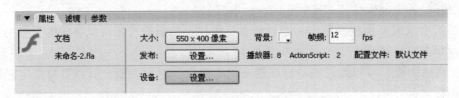

图 1-9

选定对象不同时，"属性"面板中会出现不同的设置参数，针对此面板的使用在后面的章节里会陆续介绍。

5."滤镜"面板

"滤镜"中设置了一些效果使 Flash 文件变得更加丰富多彩，但仅用于文本、影片剪辑和按钮。默认情况下，"滤镜"面板、"属性"面板和"参数"面板组成一个面板组，如图 1-10。

图 1-10

针对此面板的使用在后面会详细介绍。

1.2.2 界面之"时间轴"

时间轴是 Flash 动画制作和内容编排的重要场所，是 Flash 软件的核心内容，Flash 使用关键帧技术，通过对时间轴上的关键帧的制作，Flash 会自动生成运动中的动画帧，节省了制作人员的大部分时间，也提高了效率，如图 1-11。

（插入图层）：增加一个新的一般图层。

（添加运动引导层）：添加一个引导层

（插入图层文件夹）：增加一个层文件夹，可包含各类图层。

（删除图层）：删除选定的各类图层。

（显示/隐藏所有图层）：切换选定各类图层的显示/隐藏状态。

（锁定/解除锁定所有图层）：切换选定各类图层的锁定/解除锁定状态。

（显示/隐藏图层轮廓）：切换选定各类图层的显示/隐藏轮廓的状态。

（帧居中）：使当前帧显示在帧的中间。

（绘图纸外观）：显示锚定帧中的内容。

（绘图纸外观轮廓）：显示锚定帧中内容的外观轮廓。一般当前帧显示全部内容，其他帧是显示轮廓。

（编辑多个帧）：选定此按钮，锚定帧中的内容可以全部显示进行编辑。

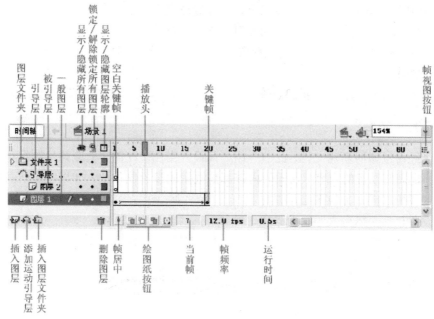

图 1–11

[·]（修改绘图纸标记）：选定此按钮，会弹出下拉菜单，可以根据需要设置显示帧的内容。

≣,（帧视图按钮）：点击此按钮会弹出下拉菜单，可根据需要调节帧的视图属性。

154%　（改变舞台显示比例）：点击右侧的下拉列表可以选择需要的舞台显示比例。

方法还有：

（1）工具箱查看区的"缩放工具" Q 进行调节。默认"+"放大，配合 Alt 可为"-"缩小。

（2）可通过快捷键进行缩放：

Ctrl+=：放大舞台显示比例；

Ctrl+-：缩小舞台显示比例；

Ctrl+1：按 100% 的比例显示舞台；

Ctrl+2：显示整个舞台（双击工具查看区"手型工具" 🖑 效果相同）；

Ctrl+3：全部显示舞台。

🔳（编辑场景）：点击下拉菜单可以选择场景，软件默认为一个场景，要新建多个场景

可以：

（1）选择菜单栏【插入】→【场景】命令即可。

（2）使用快捷键【Shift+F2】即可打开"场景"面板，如图 1-12。

图 1–12

（直接复制场景）：点击此按钮可直接复制场景。

　　＋（添加场景）：点击此按钮即可新建一个空白场景。

　　（删除场景）：点击此按钮可以删除选中的场景。删除时会出现提示框，点击"确定"按钮，即可删除。

　　在"场景"面板中双击需要的修改名称的场景，输入新名称即可修改场景名称。

1.2.3　关于"文档"

　　上节已经讲过如何新建文档，此节介绍如何设置文档。设置文档应该是制作动画的第一步，应该确定需要设置的内容，后面的内容都是根据此设置制作的，如果完成动画再回来设置，那将费九牛二虎之力也未必尽善尽美。

　　文档设置包括：舞台大小、背景色、帧频等。

　　方法一：选择菜单栏【修改】→【文档】命令或快捷键【Ctrl+J】，即可打开"文档属性"设置对话框，如图 1-13。

图 1-13

　　方法二：双击时间轴下方的"帧频率"栏 **12.0 fps** 即可。

　　方法三：单击"属性"面板中"大小"后面的 550×400像素 像素设置按钮即可。

　　方法四：将鼠标移至空白舞台工作区右击出现下拉列表，选择"文档属性"即可。

　　"文档属性"对话框中参数的含义：

　　标题：置于 SWF 元数据中的标题。

　　描述：置于 SWF 元数据中的描述。

　　尺寸：用于设置 Flash 文档中舞台的大小，即播放影片的大小。

　　匹配：设置打印机的匹配范围。

　　背景颜色：设置 Flash 编辑文档的背景颜色。

　　帧频：设置影片播放的速度，即每秒钟播放的帧数。数值越大，动画的播放速度越快。

　　标尺单位：设置标尺的显示单位，一般默认为"像素"。

　　设为默认值：完成上面各项的设置后，按下该按钮，可将修改后的参数保存为默认设置，下次当再开启新的影片文档时，影片的舞台大小和背景颜色会自动调整成这次设定的值。便于用户处理大量同类型动画影片的编辑。

1.2.4　标尺和辅助线

1. 使用标尺

标尺是显示在场景周围的辅助工具，以标尺为参照可以使我们绘制的图形更精确。默认情况下，标尺没有显示出来，如要显示标尺，可选择菜单栏【视图】→【标尺】命令，或使用快捷键【Ctrl+Alt+Shift+R】即可显示标尺，再次选择此命令可隐藏标尺。

标尺的刻度是以舞台上边缘和做边缘的相汇点开始计算的，也就是 X、Y 轴，如图 1-14 所示。

图 1-14

2. 使用辅助线

辅助线可以对舞台进行位置规划，对各个对象进行对齐和排列检查，还可以自动吸附。

滑动鼠标至舞台上方的水平标尺或左侧的垂直标尺处，按下鼠标左键不放向舞台区域拖动便可拖出默认的绿色水平或垂直辅助线，如图 1-15 所示。

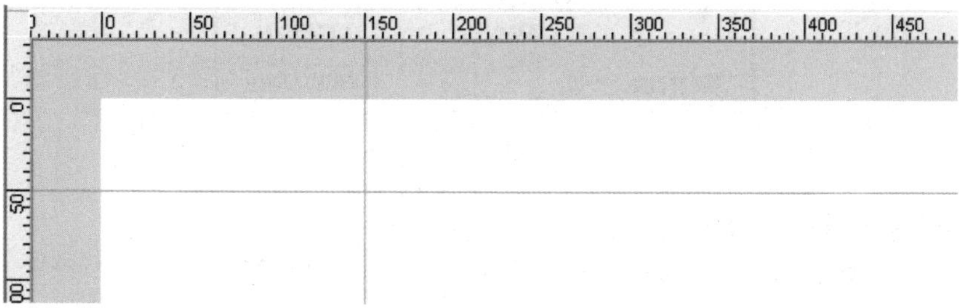

图 1-15

绘制出辅助线，选择菜单栏【视图】→【辅助线】→【显示辅助线】命令，可隐藏辅助线，或快捷键【Ctrl+;】，再次选择此命令便可显示。

3. 锁定辅助线

有时制作动画内容时，会不小心移动辅助线，又不能撤销，造成很多麻烦，为了避免这种疏忽，可以使用锁定辅助线，锁定之后便不能随便移动了。

方法为：选择菜单栏【视图】→【辅助线】→【锁定辅助线】命令即可将辅助线锁定。重复以上则解除锁定。

将鼠标移至空白舞台工作区右击出现下拉列表，选择"辅助线"→"锁定辅助线"即可。如图 1-16。重复以上则解除锁定。

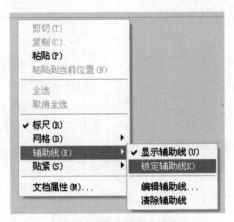

图 1-16

4. 清除辅助线

清除特定的单条辅助线，可直接鼠标拖动该辅助线至标尺处清除。

清除所有辅助线需要选择【视图】→【辅助线】→【清除辅助线】命令，或将鼠标移至空白舞台工作区右击出现下拉列表，选择"辅助线"→"清除辅助线"即可。

5. 编辑辅助线

选择菜单栏【视图】→【辅助线】→【编辑辅助线】命令或使用快捷键【Ctrl+Alt+Shift+G】，将弹出"辅助线"对话框，如图 1-17 所示。

图 1-17

"辅助线"对话框中参数的含义：

颜色：点击右侧色块即可选择需要的颜色作为辅助线的颜色。

显示辅助线：勾选此复选框会显示辅助线。

贴近辅助线：勾选此复选框，绘图时会自动与辅助线贴近，不易变形。

锁定辅助线：勾选此复选框会锁定辅助线。

对齐精确度：可在此下拉列表中选择需要对齐的精确度。

全部清除：点此按钮会清除舞台中所有的辅助线。

保存默认值：完成上面各项的设置后，按下该按钮，可将修改后的参数保存为默认设置，当下次再打开此对话框时会显示此时的设置。

最后点击"确定"按钮即可完成辅助线的相关设置。

1.2.5　网格

参考网格制作，可以使操作更加准确。

1. 显示网格

（1）选择菜单栏【视图】→【网格】→【显示网格】命令或快捷键【Ctrl+'】即可显示网格。再选择此命令可隐藏网格，如图 1-18 所示。

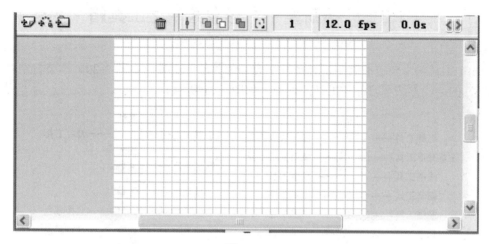

图 1-18

（2）将鼠标移至空白舞台工作区右击出现下拉列表，选择"网格"→"显示网格"即可。

2. 编辑网格

（1）选择菜单栏【视图】→【网格】→【编辑网格】命令或快捷键【CtrlAlt+G】即弹出"网格"对话框，如图 1-19 所示。

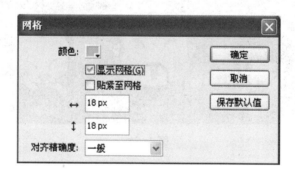

图 1-19

（2）将鼠标移至空白舞台工作区右击出现下拉列表，选择"网格"→"编辑网格"即可。

"网格"对话框中参数的含义：

颜色：点击右侧色块即可选择需要的颜色作为网格的颜色。

显示网格：勾选此复选框会显示网格。

贴近网格：勾选此复选框，绘图时会自动与网格贴近、对齐。

↔：可以用来设置水平网格的间距。

↕：可以用来设置垂直网格的间距。

对齐精确度：点击右侧下拉列表可以选择需要对齐的精确度。

设置完毕以上选项，点击"确定"按钮即可完成。

课后练习：练习并掌握本节窗口操作的内容，熟悉使用快捷键。

1.3   "招财童子"形象绘制之工具箱

Flash 工具箱主要包括绘图、选择及填充颜色等部分工具，如图 1-20。本节将结合"招财童子"的绘画方法学习各种工具的使用，如图 1-21 所示。

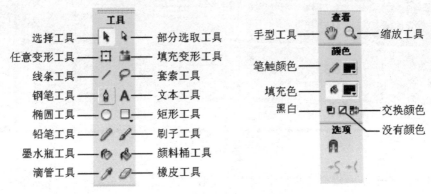

图 1-20

图 1-21

1.3.1   绘制"招财童子"之绘图工具

绘图工具包括：线条工具、钢笔工具、椭圆工具、矩形工具、铅笔工具、刷子工具和橡皮工具。

1. 刷子工具

刷子工具是一个富于变化、创造艺术效果的工具。刷子的形状多样，可以根据不同的需要选择不同的形状。如果装有手绘板，可根据用笔的轻重刷出不同的效果，使作品更加丰富多彩。

选择【刷子工具】或快捷键【B】，在其辅助选项区会显示设置，如图 1-22 所示。

◎（对象绘制）：绘制对象为一个独立的整体。例如在对象绘制状态下绘制两个相交的圆，再拖动它们，相交的部分不会相互影响，如图 1-23 所示。取消绘制对象，绘制两个相

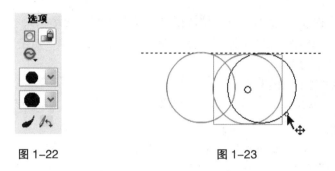

图 1-22　　　　　　　　　　　图 1-23

交的圆，再拖动其中一个的时候，相交的部分就会受到影响。如图，选中在对象绘制下绘制的图形，选择【修改】→【分离】或快捷键 Ctrl+B 即可将图形打散，如图 1-24 所示。

　　 （刷子模式）：点击此按钮会弹出下拉列表，从中选择绘画模式：标准绘画、颜料填充、后面绘画、颜料选择、内部绘画（如图 1-25 所示）。

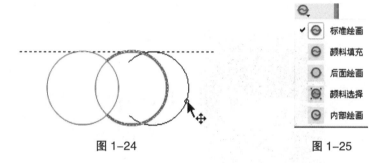

图 1-24　　　　　　　　　　　图 1-25

　　 标准绘画：属于普通绘画模式，选择此项后绘画的图形将完全覆盖下面的图形，如图 1-26（1）。

　　 颜料填充：属于在填充区绘画的模式，选择此项绘画时只对填充和空白区域进行覆盖，而线条不会受到影响，如图 1-26（2）。

　　 后面绘画：属于底层绘画模式，选择此项绘画时将处于经过填充区域和线条的下方，如图 1-26（3）。

　　 颜料选择：属于选定区域绘画模式，选择此项后，不能直接进行绘画，只有先选取区域，才能在其上面进行绘画，此时绘画对线条不产生影响，如图 1-26（4）。

　　 内部绘画：属于内部区域绘画模式，选择此项后，对先落笔点所属范围进行绘画，如先在图形区域外落笔，则该笔只对此区域外进行有效绘画，若先在图形区域内落笔，则该笔只对此图形内进行有效绘画，如图 1-26（5）。

图 1-26（1）　　图 1-26（2）　　图 1-26（3）　　图 1-26（4）　　图 1-26（5）

　　 （刷子大小）：点击右侧下拉按钮可选择需要刷子的大小。

⬤ ∨ （刷子形状）：点击右侧下拉按钮可选择需要刷子的形状。

🖌 ⋀ （使用压力、使用斜度）：安装手绘板后会出现该选项。点击此选项可根据用笔力度绘画出笔触的轻重的效果。

2. 绘制"招财童子"的草稿

（1）【Ctrl+N】新建一个空白文档。选择菜单栏【视图】→【网格】→【显示网格】或快捷键【Ctrl+'】。

（2）选择【文件】→【导入】→【导入到舞台】或快捷键【Ctrl+R】，在弹出的对话框中选择"招财童子"位图图片，点击"打开"即可。

（3）将刚导入的图片安排到网格合适位置，将光标移至此图层，双击"未命名 1"修改名称为"位图"。单击锁定按钮下的点，将该图层锁定。

（4）单击"插入图层" 🔁 按钮，新建一个空白图层，双击名称处命名为：大致轮廓。

（5）单击工具栏的【刷子】工具，模式为：标准绘画。

（6）参照"招财童子"图片，在其旁边画出大致轮廓位置，如图 1-27 所示。

图 1-27

（7）将大致轮廓层锁定，再"插入图层"新建一个空白层，双击名称处命名为：细致轮廓。

（8）点击"填充色" 🎨▣ ，将笔刷颜色改为黑色。

（9）参照"招财童子"图片，在其旁边画出细致轮廓位置，图 1-28 所示。

（10）绘制完毕，选择菜单【文件】→【保存】命令，选择保存位置，在弹出的对话框中命名为："招财童子"笔刷草稿。点击"保存"即可。

图 1-28

课后练习：绘制两个人物草稿。

3. 线条工具

线条工具 ，快捷键 N，选择此工具后，可以在舞台上绘制直线。线条分为多种类型，此工具的有关属性都将在"属性"面板里显示，如图 1-29 所示。

图 1-29

此面板各项功能介绍如下。

（线条颜色）：点击右侧色块即可选择需要的颜色作为线条的颜色。

（线条宽度）：可以直接在输入框上输入数值，也可通过右侧的滑块来调节线条的粗细。

（线条样式）：点击右侧的下拉列表，可以选择不同线条的样式，如实线、虚线等，如图 1-30。

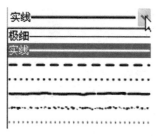

图 1-30

（自定义）：点击此按钮将弹出"笔触样式"对话框，在此可以对线条样式进行更多的设置，如图 1-31。

图 1-31

（端点）：点击右下角的下拉按钮可弹出下拉列表，从中可以选择线端点的笔触形状，如图 1-32。

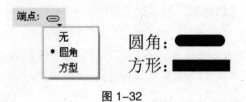

图 1-32

接合: （接合）：点击右下角的下拉按钮可弹出下拉列表，从中可以选择线条接合的笔触形状，如图 1-33。

图 1-33

绘制垂直或 45°倍数角的直线可在绘制直线时配合键盘【Shift】便可。

绘制完直线，只要配合选择工具也可将直线调整为曲线。

选择【直线工具】（N），在舞台工作区绘制一条直线，点击【选择工具】（V） ，将鼠标移至刚绘制的直线中间，鼠标指针右下方将出现一条弧线 ，说明可以将其拖拽成弧形；将鼠标移至两端可出现 ，可以按下鼠标左键向两边延伸。

绘制图案可用此工具先绘制直线，再将鼠标根据弯度需要进行调节。

● 绘制"招财童子"的线条轮廓

（1）选择【文件】→【打开】命令或快捷键【Ctrl+O】，在弹出的对话框中选择我们上节保存的"'招财童子'笔刷草稿"。

（2）选中名称为"大致轮廓"的图层，点击"隐藏" 按钮下的黑点，将该层隐藏。

（3）单击"插入图层" 按钮，新建一个空白图层，双击名称将其改为：轮廓线。

（4）单击工具箱中的"直线"，在其属性面板，设置选的颜色为"红色"，其他默认。

（5）光标移至"招财童子"的细致轮廓线处，选择一段曲线，在上面绘制一条直线，如图 1-34。

（6）按住【Ctrl】键，光标移至直线中间，鼠标下方成为 状态时，点下鼠标左键拖动线与刷子画的轮廓相吻合后，松开鼠标和【Ctrl】键，如图 1-35。

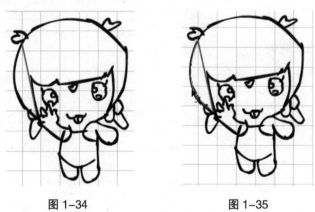

图 1-34　　　　　　　　　　　图 1-35

（7）接着绘制其他直线，如图 1-36。

（8）配合【Ctrl】键将所有直线调节成想要的曲线，如图 1-37。

（9）使用快捷键【Ctrl+S】，将此文件保存，后面将继续学习利用铅笔工具进行绘画。

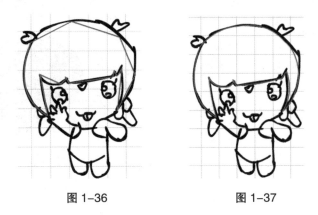

图 1-36　　　　　　　　　　　图 1-37

课后练习：练习直线的使用。

4. 钢笔工具

钢笔工具除了绘制直线外还可以绘制优美的曲线。选择该工具后，"属性"面板将显示其属性，如图 1-38。

图 1-38

选择工具箱中的【钢笔工具】或快捷键 P，此时光标呈为钢笔形状状态，表示可以绘制节点。在舞台工作区内点下起点，假设要画正三角形，如图步骤点击鼠标，第三步与起始节点闭合后，所形成的区域会被设置填充色填充，如图 1-39。

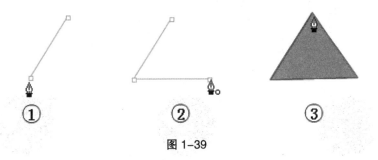

①　　　　　　②　　　　　　③

图 1-39

绘制曲线，选择【钢笔工具】或快捷键【P】，在舞台工作区按下鼠标左键并拖动鼠标，此时鼠标指针成 状态，沿着曲线延伸需要的方向按下鼠标左键进行拖拽，拖拽时尝试掌握"调节柄"，如图 1-40（1）。拖拽时配合【Shift】键，则"调节柄"便可自动向 45° 的倍数方向调节。在调出合适的曲线后放开鼠标左键，按以上方法继续绘制，在曲线的结束点同样按下鼠标左键并拖动调整"调节柄"，如图 1-40（2）。完成后单击工具箱【选择工具】即可看到绘制的效果，如图 1-40（3）。

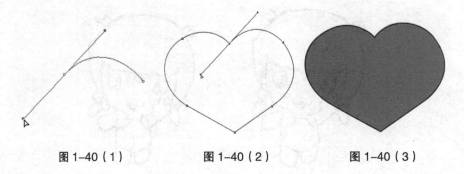

图 1-40（1）　　　　　　　　图 1-40（2）　　　　　　　　图 1-40（3）

5. 椭圆工具

椭圆工具是用来绘制圆形和椭圆的工具，并能对绘制出的图形进行填充。

点击【椭圆工具】 ⚪ 或快捷键 O，在属性面板中设置需要的轮廓线条的笔触颜色、笔触高度、笔触样式以及填充颜色等，如图 1-41。

图 1-41

设置完各个选项，在舞台工作区可拖动鼠标绘制，绘制的同时配合快捷键【Shift】可拖出正圆。

● **绘制"招财童子"的眼睛**

（1）选择【椭圆工具】（O），设置笔触颜色为黑色，填充颜色为黑色，笔触高度为 1。

（2）鼠标移至舞台工作区，点下鼠标左键拖出竖形椭圆，如图 1-42（1）。

（3）设置椭圆属性面板，填充颜色为白色。

（4）配合 Shift 键在上面竖形椭圆里绘制两个正圆，如图 1-42（2）。

（5）设置椭圆属性，笔触高度为 2。

（6）在竖形椭圆上方画出眼睛的睫毛，如图 1-42（3）。

图 1-42（1）　　　　　　　　图 1-42（2）　　　　　　　　图 1-42（3）

（7）绘制好后，将其命名"'招财童子'女眼睛"，点击"保存"。

课后练习：练习椭圆工具的使用。

6. 矩形工具

矩形工具□.可以绘制长方形和正方形。它的右下角有个倒三角，在矩形工具处按下鼠标不放，会出现下拉列表，如图 1-43；可根据需要选择需要的工具，属性面板也会出现相应的设置。如图 1-44。

图 1-43

图 1-44

● **绘制圆角矩形**

（1）点击【矩形工具】或快捷键 R，设置属性面板的笔触颜色和填充颜色等。

（2）在【矩形工具】的辅助【选项面板】中出现"边角半径设置"按钮，如图 1-45。

（3）点击该按钮会弹出矩形设置对话框，如图 1-46，在边角半径右侧输入"20"点，点"确定"按钮。

图 1-45　　　　　　　　　　　图 1-46

（4）在舞台工作区按下鼠标左键不放拖动绘制一个矩形，如图 1-47。

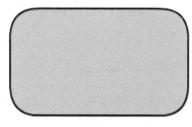

图 1-47

● **绘制五角星**

（1）点击【矩形工具】下的【多角星形工具】，设置属性面板的笔触颜色为黑色和填充颜色为红色，如图 1-49。

图 1-48

（2）点击属性面板下方的"选项"按钮，弹出"工具设置"对话框。设置样式为"星形"，边数为"5"，如图 1-49。

（3）点击"确定"按钮，在舞台工作区上单击鼠标不放并拖动，便可绘制出五角红星，如图 1-50。

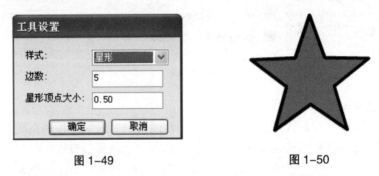

图 1-49　　　　　　　　　　　　　　　　图 1-50

课后练习：练习矩形工具的使用，能绘画出各种星形图案。

7. 铅笔工具

（1）铅笔工具就像真实的铅笔一样可以绘制出线条图形。不同于直线工具的是：除了画一些直线外还可以画一些丰富的曲线。

（2）点击【铅笔工具】 ✏️ ，或快捷键 Y，在其属性面板中可以设置线条笔触颜色、笔触高度及样式等，如图 1-51。设置完成将鼠标移至舞台工作区，可进行图案绘制。绘制的同时配合【Shift】键，可将线条约束在 45°角的倍数位置上。

图 1-51

（3）选择【铅笔工具】后，在其辅助选项区可以选择绘图模式：伸直、平滑和墨水，如图 1-52。

（4）伸直：选择此项，绘制的线条将尽量拉伸，节点较少，如图 1-53（1）。

（5）平滑：选择此项，绘制的线条将尽量平滑，如图 1-53（2）。

（6）墨水：选择此项，绘制的线条节点较多，模拟手绘效果，如图 1-53（3）。

图 1-52

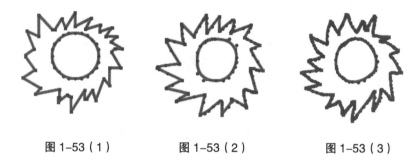

图 1-53（1）　　　　　　图 1-53（2）　　　　　　图 1-53（3）

● **利用铅笔工具绘制"招财童子"的线条轮廓**

（1）选择【文件】→【打开】命令或快捷键【Ctrl+O】，在弹出的对话框中选择我们上节保存的"'招财童子'笔刷草稿"。

（2）单击工具箱中的【铅笔工具】，此时光标呈铅笔 ✎ 状态，设置笔触颜色为"红色"，笔触高度为"1"，笔触样式为"实线"。

（3）将光标移至"招财童子"草稿上，按下鼠标左键继续绘制该图案的边缘线，如图 1-54。

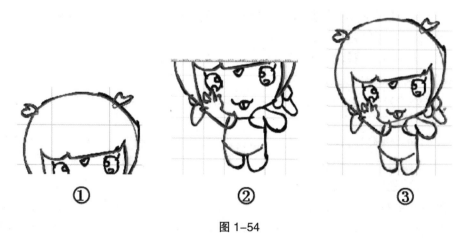

①　　　　　　　　　②　　　　　　　　　③

图 1-54

（4）全部绘画完后，将"细致轮廓"图层隐藏。

（5）若全部线条在"绘制对象"状态下绘制的，全部选中线条使用快捷键 Ctrl+B 将进行其分离，若不是，则跳过此步骤。

（6）放大绘制的线条，开始进行修整，如图 1-55，先选中不平滑的线，多次进行平滑效果调整。也可手动重新绘制等方法进行修正。

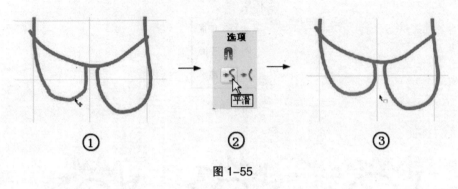

图 1–55

（7）选择交叉后多余的线头，按删除键将其删除，如图 1-56。

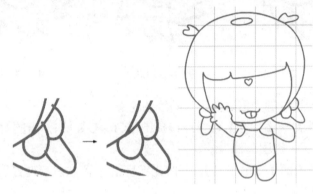

图 1–56

（8）修整完所有线条如图。

（9）单击工具箱【选择工具】（V），移至此轮廓线左上角，全部框选此轮廓，全部选中后，选择属性面板，在笔触样式选择"极细"。

（10）放大轮廓线，查找线与线之间有没有未连接的地方，如有发现将其连接（如果没有连接好线条，容易出现无法上色问题）。

（11）全部检查好后，全部选中轮廓线，将其属性面板的笔触颜色改为"黑色"，笔触样式改回"实线"。

（12）我们的样图分为浅色和暗色两种颜色。为了方便以后填色，我们也用线将其分割填充区域。首先在工具栏中选择【铅笔工具】，笔触颜色选择"橘黄色"（此线条填充颜色后将被删除，区分颜色利于被选中删除）。

（13）参照"招财童子"的样图，将我们绘制的轮廓线进行分割绘制，如图 1-57 所示。

（14）绘制好后，将先前章节保存的"'招财童子'女眼睛"文件打开，将绘制的眼睛复制到此轮廓脸部合适的位置。

（15）选中眼睛的全部内容，配合快捷键【Alt】按下鼠标左键拖动鼠标复制出一个眼睛，然后选择菜单栏【修改】→【变形】→【水平翻转】命令，新复制的眼睛将自动进行水平翻转，将其移至合适位置，如图 1-58。

（16）操作完以上步骤，将文件进行保存。

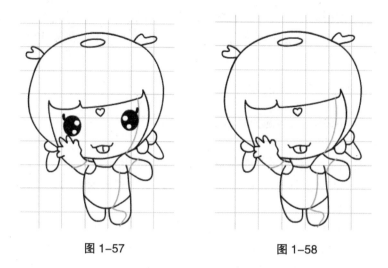

图 1-57　　　　　　　　　　　图 1-58

课后练习：学习以上绘图步骤，利用铅笔工具绘制"招财童子"其他两组形象。

8. 橡皮擦工具

橡皮擦工具 ，用来擦出图形，快捷键 E。橡皮擦没有相应的属相面板，但辅助选项区有相关设置，如图 1-59。单击 按钮，可弹出下拉列表：标准擦除、擦除填色、擦除线条、擦除所选填充、内部擦除，如图 1-60。

图 1-59　　　　　　　　　　　图 1-60

擦除模式面板功能介绍：

✔ 🔘 标准擦除 ：擦除同一图层的图形，如图 1-61（1）。

✔ 🔘 擦除填色 ：擦除图形的填充颜色，线不受影响，如图 1-61（2）。

✔ 🔘 擦除线条 ：擦除图形的线条，如图 1-61（3）。

✔ 🔘 擦除所选填充 ：先选择要擦除的区域，然后再擦除。只能擦除填充颜色，线条不受影响，如图 1-61（4）。

✔ 🔘 内部擦除 ：只能擦除先被选中的区域。只能搽除填充颜色，线条不受影响，如图 1-61（5）。

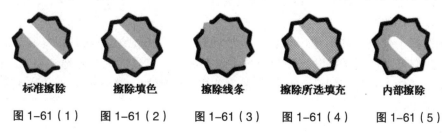

标准擦除　　　　擦除填色　　　　擦除线条　　　擦除所选填充　　　内部擦除

图 1-61（1）　图 1-61（2）　图 1-61（3）　图 1-61（4）　图 1-61（5）

（水龙头）：使用此工具可一次性删除线条或填充区域。

（橡皮擦形状）：点击右边的下拉按钮，可在弹出的下拉列表中选择需要的橡皮擦大小和形状。

1.3.2 绘制"招财童子"之选择工具

选择工具包括：选择工具、部分选取工具、套索工具。

1. 选择工具

选择工具是 Flash 最常用的工具，一般操作完后都会回到这个工具上。选择工具用来选择物体，可以选中一个、多个或一部分内容；也可以用来修改对象等。

（1）选取对象

单击【选择工具】或快捷键【V】，移动光标到舞台工作区，单击要选择的对象即可。

如图 1-62。此图形为填充图形和外轮廓线构成，要想一次性选择则需要使用【选择工具】双击此图形。若为两个或多个图形，可以选择选中一个图形后配合【Shift】键在单击其他图形，也可以选择框选图形：光标移至图形上方的空白处，可看到选择工具右下角呈小长方形框，按下鼠标左键不放进行拖动直至将图形全部覆盖，如图 1-63，松开鼠标即可选中全部图形。选中全部图像还有另一个方法就是我们通常使用的快捷键【Ctrl+A】。

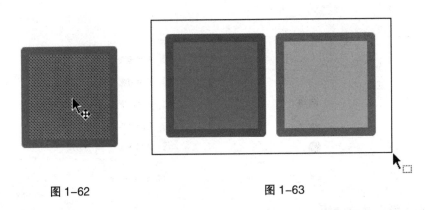

图 1-62   图 1-63

（2）移动复制对象

先选中需要移动的对象，将光标放置该图形后，光标右下角变成时，按下鼠标左键并拖动，便可移动对象。

复制对象，首先选中要复制的对象，使用快捷键【Ctrl+C】（复制）后再【Ctrl+V】（粘贴），或【Ctrl+D】直接复制。

要想拖动并复制一个新的对象时，有一种常用的方法就是先选中要复制的对象，按下鼠标左键不放，同时左手按下【Alt】键，当光标下面出现"+"号时便可拖动又复制出一个新的对象，如图 1-64。

如果选择了要复制的对象，再新建一个场景，但又想让它粘贴到跟复制的那个同样的位置，我们可以使用【粘贴到当前位置】这个命令。首先同上，先选中要复制的对象，使用快捷键【Ctrl+C】（复制），然后选择菜单栏【编辑】→【粘贴到当前位置】或快捷键【Ctrl+Shift+V】。

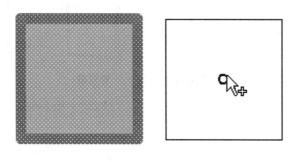

图 1-64

（3）编辑对象

编辑图形，单击【选择工具】，将光标移至要编辑的图像上方，光标下方变成 状态时，点下鼠标左键不放便可对此形状进行弧形的拖拽，如图 1-65；将光标移至图像的交角处，光标下方成 直角状态时，点下鼠标左键不放便可对此形状进行成角的拖拽，如图 1-66。

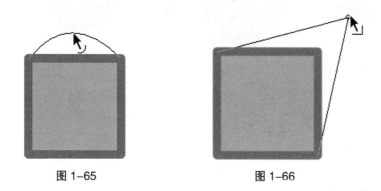

图 1-65　　　　　　　　图 1-66

（4）选择工具辅助选项

选中绘制好的线或图形，可以看到辅助选项区里面出现了"贴紧至对象""平滑"和"伸直"，如图 1-67。

图 1-67

（贴紧至对象）：绘制图案时会自动与网格线或辅助线等贴紧。

（平滑）：选中线条点击此按钮会使线自动平滑，如图 1-68（1）。

（伸直）：选中线条点击此按钮会使线自动伸直，如图 1-68（2）。

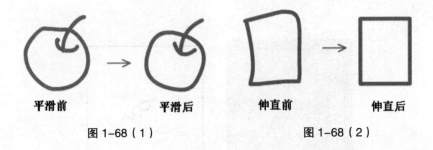

图 1-68（1）　　　　　　　　　　图 1-68（2）

2. 部分选取工具

部分选取工具，是在选中对象的路径后，通过对齐节点的操作来对图形进行改变的。

单击【选择工具】或快捷键 A，再选择需要修改的图形的轮廓，此时轮廓将变成带有空心状的节点，如图 1-69。当鼠标移至节点附近，指针右下方成为 时便可以拖拽、修改节点，如图 1-70。当鼠标移至节点以外的曲线上时，可以用来移动被选中的图形。如图 1-71。

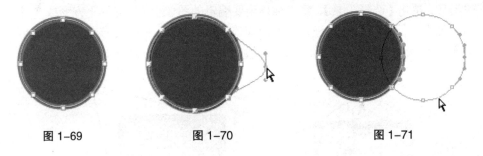

图 1-69　　　　　　　　　图 1-70　　　　　　　　　图 1-71

● **绘制红心**

（1）选择【椭圆工具】（O），在其辅助选项栏里点选"绘制对象"。

（2）在属性面板设置其属性，笔触颜色为"深红"，笔触高度为"5"，笔触样式为"实线"，填充颜色为"红色"，如图 1-72。

图 1-72

（3）在舞台中央配合 Shift 键绘制一个正圆。

（4）单击【选择工具】（V），配合【Alt】键，拖动复制一个正圆，如图 1-73 所示。

（5）复制出两个正圆后，全部选择。使用快捷键【Ctrl+B】将其中括号分离。

（6）单击两个正圆中间的线，单击选中，按下删除键，将其删除，如图 1-74 所示。

（7）单选【部分选取工具】（A），将鼠标移至两个正圆的轮廓线上单击选中，如图 1-75 所示。

（8）光标移至两圆下面交界的节点上，按下鼠标左键将其向下拖拽至适当位置，如图 1-76 所示。

（9）单选拖拽节点旁边的四个节点分别依次选中，将其节点删除。最终效果如图 1-77

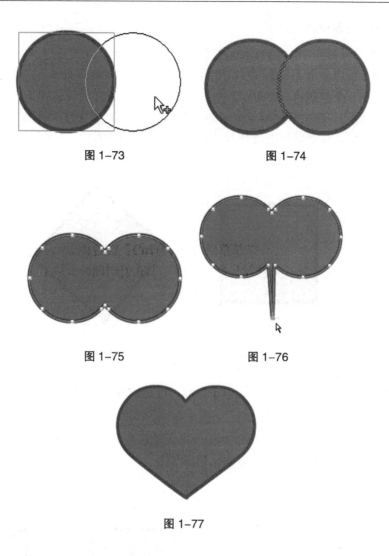

图 1-73 图 1-74

图 1-75 图 1-76

图 1-77

所示。

课后练习：学习并练习部分选取工具的运用。

3. 任意变形工具

任意变形工具 □ 可以对选中的图形进行各种变形，如缩放、旋转与倾斜、扭曲、封套等。

选择【任意变形工具】或快捷键 Q，选中要进行变形的打散图形后可以看到"辅助选项区"里面出现了 4 个按钮，如图 1-78。

图 1-78

任意变形工具各种功能如下：

（旋转与倾斜）：用来旋转和倾斜物体。

首先选择【任意变形工具】（Q），再选中舞台中要进行变形的图形，此时被选中的图形周围出现黑框和 8 个控制点，中间有个圆点为中心点（将鼠标放置该点上，光标变成 时，便可拖动调节此点）。将光标移至 4 个角的任意一个控制点上，鼠标指针成为 状态时，按照需要旋转的方向，按下鼠标左键进行旋转即可，如图 1-79。

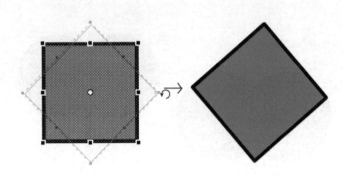

图 1-79

倾斜图形，先选择【任意变形工具】（Q），再选中舞台中要进行变形的图形，此时 被选中的图形周围出现黑框和 8 个控制点，将光标移至黑框上下线上会出现 ⇌ ，此时按下鼠标左键左右拖动即可进行倾斜，如图 1-80。将光标移至黑框上下线上会出现 ‖ ，此时按下鼠标左键即可进行上下拖动倾斜，如图 1-81。

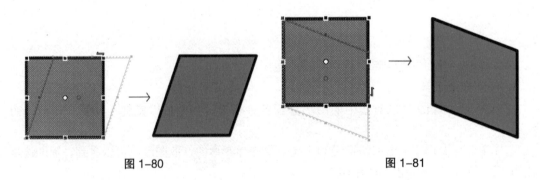

图 1-80   图 1-81

（缩放）：缩放可以改变对象的尺寸大小。

首先选择【任意变形工具】（Q），再选中舞台中要进行变形的图形。将鼠标移至上下任意控制点上，当光标变成 ↕ ，便可上下改变大小；将鼠标移至左右任意控制点上，当光标变成 ↔ ，便可左右改变大小，如图 1-82 所示。将鼠标移至四角任意控制点上，当光标变成 ↖ 或 ↗ ，便可向其方向整体改变大小，如图 1-83 所示。

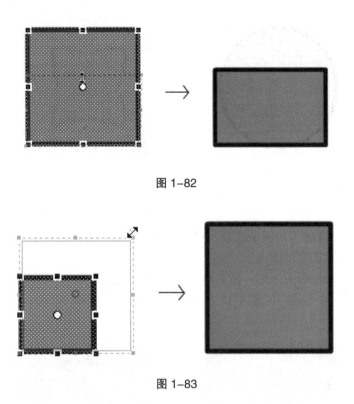

图 1-82

图 1-83

（扭曲）：

首先选择【任意变形工具】(Q)，再选中舞台中要进行变形的图形。在“任意变形工具”辅助选项单击“扭曲”按钮，此时被选中的图形没有了中心点，多用于制作透视效果。将鼠标放置在任意控制点上，鼠标指针将变为扭曲光标，此时按住鼠标左键并拖动即可对图形进行任意的拉伸而获得不同的形状，如图 1-84 所示。

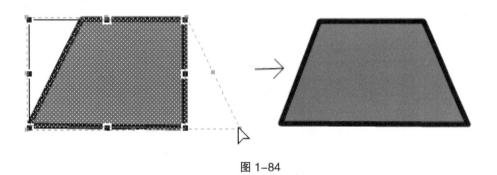

图 1-84

（封套）：封套变形可以任意改变图形的边缘。

首先选择【任意变形工具】(Q)，再选中舞台中要进行变形的图形。在“任意变形工具”辅助选项单击“扭曲”按钮，此时出现黑色边框和 8 个控制点外，还出现了 16 个可调控的黑色圆点，用来控制调节边缘的形状。将鼠标移到任一控制点上，鼠标指针变成形状，即可拖动控制点获得变形，如图 1-85 所示。

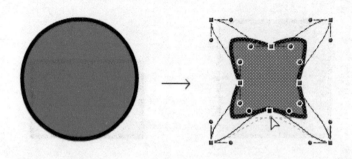

图 1-85

4. 套索工具

套索工具 🔎 快捷键 L，用于选取，主要是选取位图，使用的不是很多，与选择工具不同的是可以任意形状选取范围。

在舞台工作区绘制任意图形，然后单击【套索工具】(L)，此时光标为套索形状，在前面绘制好的图形中按下鼠标左键不放并拖动，画出需要选取的部位，松开鼠标即可，如图 1-86 所示。

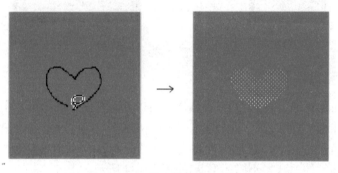

图 1-86

返回【套索工具】(L)，可以看到辅助选项上的三个按钮：魔术棒、魔术棒设置以及多边形模式，如图 1-87 所示。

图 1-87

🖊 (魔术棒)：魔术棒工具主要用于选取导入 Flash 中位图的色块，对普通形状无效。

首先选择【文件】→【导入】→【导入到舞台】命令，在弹出的"导入"对话框中选择要编辑的位图。然后点击"打开"按钮。将位图导入到舞台后，将其选中，选择菜单栏【修改】→【分离】命令或使用快捷键 Ctrl+B 将图像打散，如图 1-88。 打散后，在工具箱中选择【套索工具】在其辅助选区里选择"魔术棒"按钮。点击打散后图像总的任意一点，其附近与其颜色相近的部分都将被选中，如图 1-89 所示。

打散前　　　　　　　　　　　　打散前

图 1-88

图 1-89

（魔术棒设置）：可以设置需要的选区，方式分为内临近像素颜色的相近程度和选取边缘的平滑程度。

选择【套索工具】（L），单击其辅助选项区的魔术棒设置  会弹出"魔术棒设置"对象话框，如图 1-90 所示。

图 1-90

阀值（T）：输入一个介于 1 和 200 的值，用于自定义将相邻像素包含在所选区域内必须达到的颜色相近程度。数值越大，选取范围就越大；假设将其设置为"0"，则选取范围是与单击的第一个像素颜色完全相同的像素。

平滑（S）：单击右侧下拉列表，从弹出的列表中选择选项，用于自定义所选区域边缘的平滑程度。

（多边形模式）：直线型选择方式，要选取的图形如果是直线型可选择此方式。

首先按照以上方法选择图片将其打散，选择【套索工具】（L），单击其辅助选项区的魔术多边形模式按钮，在图形需要选取的起点位置单击鼠标左键，然后拖动鼠标选取需要的范围，选择完毕，双击鼠标左键即可显示所选取的范围，如图 1-91 所示。

图 1-91

1.3.3 绘制"招财童子"之填充工具

1. 墨水瓶工具

墨水瓶工具 ，快捷键 S。用于改变矢量图边框的属性，包括边框的颜色、线条宽度、轮廓线及边框线条样式等。

例如：利用【矩形工具】画一个矩形，选中此矩形，配合键盘 Alt 按下鼠标左键拖出复制一个矩形，回到【墨水瓶】工具，选择属性面板，改变笔触高度为"4"，线条样式为"虚线"，如图 1-92。用【墨水瓶】工具，单击第二个复制出来的矩形，便完成了墨水瓶的使用，如图 1-93。

图 1-92

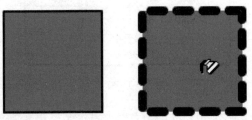

图 1-93

2. 颜料桶工具、颜色面板、填充变形

颜料桶工具，用于填充封闭的区域，可对填充颜色、间隔大小、锁定填充等选项进行设置，其中填充颜色的设置是通过颜色控制栏的填充色来完成的，它与使用笔刷、矩形、椭圆等工具绘制矢量图时设置填充颜色的方法完全相同。

选择工具箱中的【颜料桶】工具或快捷键 K，在对应的"属性"面板里可对其相关选项进行设置。在【颜料桶】工具辅助选项区域中单击 按钮右下角的下拉按钮即弹出绘画模式面板，如图 1-94。

图 1-94

绘画模式面板各选项功能如下。

✔ ⬤ 不封闭空隙 ：只能填充完全闭合的空隙。

✔ ⬤ 封闭小空隙 ：可以填充有较小空隙的区域。

✔ ⬤ 封闭中等空隙 ：可以填充有中等空隙的区域。

✔ ⬤ 封闭大空隙 ：可以填充有较大空隙的区域。

颜料桶需要配合颜色区域的填充色进行工作。下面介绍一下填充颜色库。

点击颜色的填充色 会出现颜色库，如图 1-95，在这里可以选择需要的颜色。左上角区域的颜色是当前【吸管】所在位置的颜色。旁边的字母和数字的区域为当前颜色的 Hex 值，它会根据前面所选颜色的变化而变化。Alpha 旁边的下拉框可以调节所选颜色的透明度。如这些颜色还不能满足需求，可以单击右上角的彩色圆球 ，点击此按钮将弹出另一个"颜色"对话框，如图 1-96。"颜色"对话框左上角部分为基本颜色选项区，这里只有少量的一部分颜色供选择，在右上边的颜色区可以用鼠标单击选择大概的颜色，然后在右边的竖形区域选择该颜色从亮度到暗度范围中需要的颜色。选择好的颜色，如果以后要常用，可以点击右下方的"添加到自定义颜色"，然后左下方的"自定义颜色"区会出现刚定义的颜色。"自定义"颜色格满后，再自定义新的将从左到右覆盖原先的颜色。

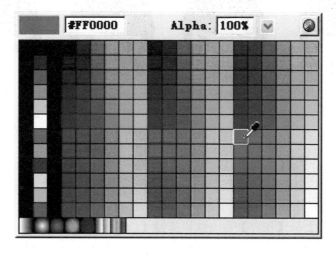

图 1-95

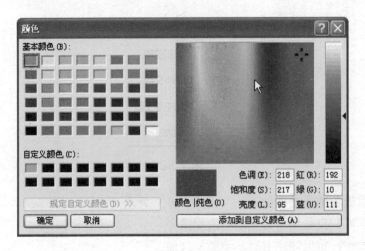

图 1-96

以上设置完毕，拖动"油漆桶工具"光标直接填充封套好的区域便可。

● **给招财童子填色**

（1）打开前面已经绘制好的"招财童子"的轮廓文件。将"招财童子"图片导入到舞台。

（2）单击"填充色"选择黑色，单击工具箱中"颜料桶工具"将光标移至"招财童子"头发区域，点击鼠标填充颜色，如图 1-97（1）。

（3）点击"填充色"，移动吸管吸"招财童子"图片的皮肤浅颜色，将光标移至"招财童子"皮肤浅色区域，单击鼠标填充颜色，如图 1-97（2）。

（4）点击"填充色"，移动吸管吸"招财童子"图片的皮肤深颜色，将光标移至"招财童子"皮肤深色区域，单击鼠标填充颜色，如图 1-97（3）。

（5）其他颜色填充同上步骤，参见图 1-97（4）。

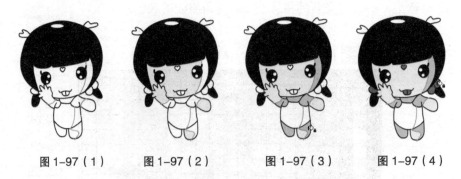

图 1-97（1）   图 1-97（2）   图 1-97（3）   图 1-97（4）

（6）绘制完毕，使用【选择工具】单击黄色线条，配合【Shift】键加选其他黄色线条及"招财童子"额头红心边缘线，选取完毕按下"删除"【Backspace】键将线条删除，得到最终效果如图 1-97（5）所示。

（7）选择【文件】→【保存】命令或快捷键【Ctrl+S】保存此文件。

课后练习：学习以上绘图步骤，为"招财童子"其他两组形象填充颜色。

图 1-97（5）

3. 填充变形

填充需要的渐变颜色就要配和"颜色面板"，通常"颜色面板"会在软件的右侧，如果没有则可以选择菜单栏【窗口】→【混色器】或快捷键【Shift+F9】，如图 1-98 所示。

图 1-98

不管是笔触颜色还是填充颜色都有同样的类型，单击"类型"右边的下拉列表可以看到，包括：无、纯色、线性、放射状、位图。

无：就是没有颜色，与填充色下面的"没有颜色" 一样效果。

纯色：就是选择单色，一种颜色。

线性：直线型渐变色，多用于制作立体效果。

放射状：放射型渐变色。

位图：位图图片填充。

● **打造正方形三维效果**

（1）利用"矩形"工具和"线"工具画一个立方体，如图 1-99。

（2）打开颜色面板，在混色器中的类型下拉列表中选择"线性"选项，默认情况下"颜色面板"会出现两个滑块，如果为第一次使用则分别为黑色和白色，双击第一个滑块弹出颜色库，选择深灰色；双击第二个滑块弹出颜色选择浅灰色，如图 1-100。

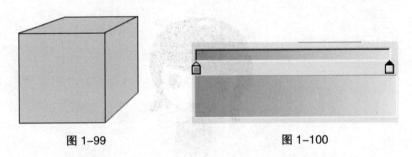

图 1-99   图 1-100

（3）设置好以上选项，将光标移至舞台立方体上，出现"油漆桶"工具，分别点击立方体的三块填充颜色，效果如图 1-101。

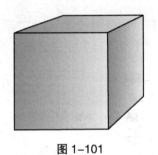

图 1-101

（4）统一光源，如光源从上到下，点击选中最上面渐变颜色，选择工具栏中的【填充变形工具】（F），立方体将出现一个调节道具，如图 1-102。中间的原点为中心圆 ⊙，当光标移到此中心圆上会出现 ✛ 十字箭头架可移动状态。按下鼠标左键将其进行拖动便可调整渐变的中心位置。左边的圆圈上有个正三角的 ▷ 工具，将光标移至上面便出现 ↻ 四个旋转箭头的光标，按下鼠标将其旋转便可进行渐变色的调整。将光标移至此 ➡ 道具上，光标即呈 ↔ 左右方向箭头状态，表示可以伸缩渐变的长度。

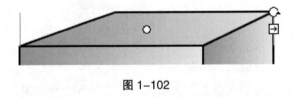

图 1-102

（5）按下旋转按钮拖动将其向上旋转。使用 ➡ 伸缩按钮将其缩短，拖动中心点至如图 1-103（1）。

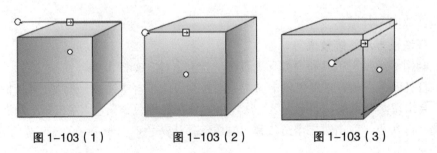

图 1-103（1）   图 1-103（2）   图 1-103（3）

（6）选中最前面这个正方形面，按下鼠标左键拖动旋转按钮将其调整，效果如图 1-103（2）。

（7）选中右填充图形，按下鼠标左键拖动旋转按钮将其调整，效果如图 1-103（3）。

（8）单击工具栏【选择工具】（V）即可看到舞台中的立体图形。

● **制作立体心形**

（1）首先打开前面章节做过的心形图案。

（2）单击鼠标选中填充图形，如图 1-104 所示。

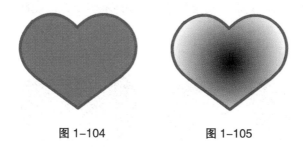

图 1-104　　　　　　图 1-105

（3）打开颜色面板，在混色器中的类型下拉列表中选择"放射状"。下面两个滑块默认为黑白颜色。此时心形图案的填充颜色也为黑白渐变色，如图 1-105。

（4）双击第一个滑块在弹出的颜色库中选择颜色为"浅粉色"，双击第二个滑块在弹出的颜色库中选择"大红色"，如图 1-106。

图 1-106

（5）光标移至第二个滑块上，按下鼠标左键并向左拖动，在滑块的同一水平线上右侧，单击鼠标添加一个滑块，双击第三个滑块在弹出的颜色库中吸取大红前面的颜色，如图 1-107。

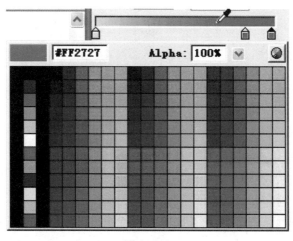

图 1-107

（6）设置好颜色后，此时心形图案的填充色如图 1-108。

（7）单击工具箱【填充变形工具】（F），点击此心填充图形，效果如图 1-109。此时中心点上出现倒三角 **⑧** 按钮，按下鼠标左键拖动，可在此轴线上进行此放射颜色的中心点。将光标移至白色中心点上，呈 **✛** 十字箭头架可移动状态时，按下鼠标左键可在任意方向拖动此放射颜色的中心点。当光标移至右侧 **⊟** 此拉伸按钮上，光标呈 **↔** 状态时，可按下鼠标左键进行此放射颜色的拉伸。当光标移至右侧 **⟳** 按钮上，光标呈 **⊙** 状态时，可按下鼠标左键进行此放射颜色的放大、缩小。当光标移至右侧 **⟳** 按钮上，光标呈 **↻** 状态时，可按下鼠标左键进行此放射颜色的旋转。

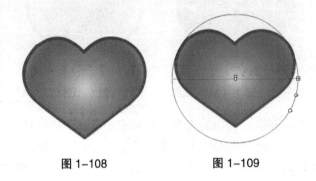

图 1-108　　　　　　　　　图 1-109

（8）将光标移至中心点上呈 **✛** 状态时，按下鼠标左键拖动此放射颜色的中心点如图 1-110。

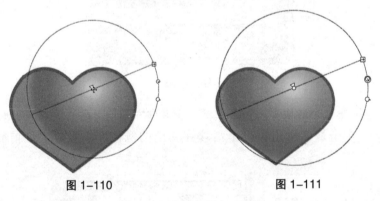

图 1-110　　　　　　　　　图 1-111

（9）将光标移至 **⟳** 按钮上，光标上呈 **⊙** 状态时，按下鼠标左键拖动放大此放射状颜色，如图 1-111。

（10）选择工具箱【选择工具】（V）便可看到心形效果。选择【文件】→【保存】命令，或快捷键【Ctrl+S】保存此文件。

● **制作位图背景**

（1）首先在工具箱中选择【矩形工具】（R）绘制一个矩形。

（2）打开颜色面板，在混色器中的类型下拉列表中，选择"位图"。在弹出的对话框中选择一张位图，点击"打开"按钮。

（3）选择工具箱【颜料桶工具】（K），光标移至先前绘制的填充图形上，单击填充位图，如图 1-112。

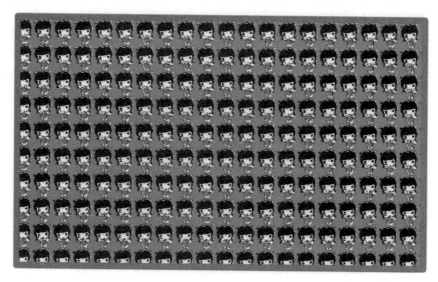

图 1–112

（4）选择工具箱中的【填充变形工具】（F），将光标移至填充图的任意位置，出现调节柄，如图 1-113。

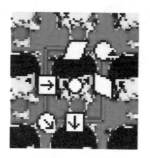

图 1–113

（5）中心的圆点用来改变中心的位置，从而改变位图填充的中心；中心点上面的 ⬜，为水平扭曲，光标移至上方呈 ↔ 状态时便可，按下鼠标左键并拖动可进行水平线上的左右扭曲。当光标移至 ⟳ 上时，光标呈 ⟳ 状态时，按下鼠标左键并拖动可进行顺时针或逆时针的位图旋转。当光标移至 ⬜ 上时，光标呈 ↕ 状态时，按下鼠标左键并拖动可进行垂直线上的上下扭曲。当光标移至 ⊞ 上时，光标呈 ↕ 状态时，按下鼠标左键并拖动可调整位图填充的垂直尺寸大小。当光标移至 ⊘ 上时，光标呈 ↗ 状态时，按下鼠标左键并拖动可等比例调整位图填充的大小。当光标移至 ⊟ 上时，光标呈 ↔ 状态时，按下鼠标左键并拖动可调整位图填充的水平尺寸大小。

（6）参考以上介绍可根据需要进行调整，如图 1-114 所示。

课后练习：学习以上填充颜色的方法，练习填充类型的各种效果。

4. 滴管工具

滴管工具用于拾取工作区中已经存在的颜色及样式属性，并将其应用于其他对象中。滴管工具还可以在打散的位图上取样，并将其作为填充元素。

首先在舞台绘制两个填充图形和笔触完全不同的图形，如图 1-115。绘制完后，选择工具箱中的【滴管工具】🖉或快捷键 I，光标直至舞台的圆形图案填充色上，光标呈此🖌状态时，表示可以复制当前样式内容，单击鼠标左键，光标呈🅰状态，表示可以填充刚刚已经复制的样式。将此光标移至并单击右边的十角星的填充色上，此时就改变十角星的填充颜色了，如图 1-116。

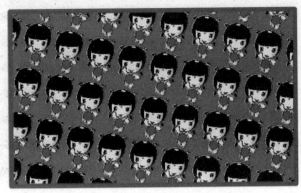

图 1-114

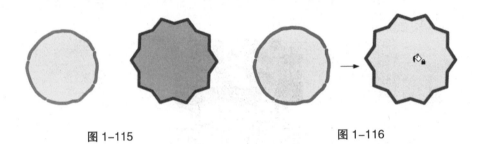

图 1-115   图 1-116

吸取线条样式的方法同上，在选择工具箱中的【滴管工具】🖉或快捷键 I，光标直至舞台的圆形笔触线条上，光标呈此🖌状态时，表示可以复制当前样式笔触和颜色等内容，单击鼠标左键，光标呈🖋状态，表示可以填充刚刚已经复制的样式。将此光标移至并单击右边的十角星的笔触线条上，此时就改变十角星的填充颜色了，如图 1-117。

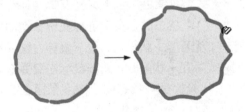

图 1-117

滴管还可以吸取打散的位图，首先选择【矩形工具】在舞台上绘制一个矩形，如图 1-118。然后选择菜单栏【文件】→【导入】→【导入到舞台】，在弹出的"导入"对话框中选择一个位图文件，单击"打开"按钮，将其导入舞台，如图 1-119。选入刚刚导入的位图，选择菜单栏【修改】→【分离】命令或快捷键【Ctrl+B】。打散后选择工具箱中【滴管工具】，将光标移至打散的位图上单击鼠标左键吸取图案样本，再将光标移至绘制的矩形上，单击鼠标左键进行位图填充，如图 1-120。

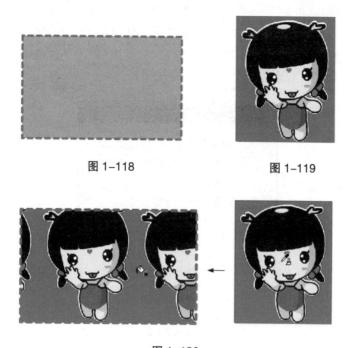

图 1–118　　　　　　　　　　　　　　　图 1–119

图 1–120

1.3.4　"光芒文字"

文本工具可以在 Flash 作品中添加文字，文字作为多媒体的制作内容是不可缺少的部分。
单击工具箱中的文本工具 A，或快捷键 T，将显示"属性"面板，如图 1-121。

图 1–121

点击左边"文本工具"上方的下拉列表按钮，可以选择输入文字的方式：静态文本、动
态文本、输入文本。

静态文本：默认状态为静态文本，在影片播放过程中不会进行改变的文本。

动态文本：作为动态更新的文本，多用为一些经常变动的数据、内容等。

输入文本：在影片播放时可以用来输入信息的文本，它多用来与用户的互动上。

"属性"面板其他选项功能下：

A 宋体 ：可单击由此下拉按钮选择字体。

3 ：可单击右侧下拉按钮选择文字大小，也可直接输入。

■：单击此按钮可以在弹出的颜色面板库里选择需要的颜色。

B：切换/取消粗体设置。

I：切换/取消斜体设置。

三：设置文本的对齐方式，从左到右为：左对齐、居中对齐、右对齐、两端对齐。

¶：编辑格式选项，单击此按钮会弹出"格式选项"对话框，在此对话框中可以设置文本缩进、行距、左边距及右边距四个格式，如图 1-122。

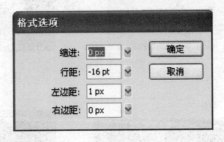

图 1-122

Ab：单击此选项弹出下拉列表，可以在此选择文本的方向，如图 1-123。

图 1-123

AV 0：设置字符间距。可点击右侧下拉滑块选择，也可直接输入数值。

A² 一般：用来设置字符上下标：一般、上标、下标。

可读性消除锯齿：用来指定字体消除锯齿的属性类型：使用设备字体、位图文本（未消除锯齿）、动画消除锯齿、可读性消除锯齿、自定义消除锯齿。默认下为"动画消除锯齿"，选择"自定义消除锯齿"则会弹出对话框，可以根据需要进行设置，如图 1-124 所示。

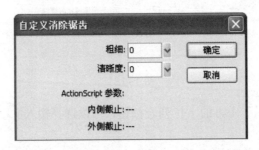

图 1-124

AB：可选按钮，选择此按钮后，在舞台上输入文字，然后作品发布预览时的文字可以被用来选中复制。

☑自动调整字距：勾选此选项能够自动调节字符间距。

🔗：在此可以对文本设置 URL 链接。在舞台打出需要连接的文字，选中该文字在此处输入需要链接到的网址，如：http://www.baidu.com/，测试或发布文件，点击被超链接的文字便可连接到相应网址。

目标：[　　　▼]：在前面 URL 连接处输入网址后，目标窗口便可选择，点击右侧的下拉列表显示：_blank、_parent、_self、_top。

_blank：表示在新的空白窗口打开该链接。

_parent：在父窗口中打开该链接。

_self：在当前窗口打开该链接。

_top：在整个浏览器窗口打开链接。

其他设置为动态文本或输入文本时才有效。

⟨⟩：将文本呈现为 HTML 按钮。当作品测试或发布预览时鼠标移至文字区域可以出现小手提示此处有超链接。

▣：点击此按钮将在文本周围显示边框。

变量：[　　　　　]：文本框变量名。

⊛：编辑辅助功能按钮。点击此按钮将弹出"辅助功能面板"。此面板是针对视力或听力不好的人群设计的。

△：折叠按钮。点击此按钮可以折叠不经常使用的选项。折叠后显示▽。

● **"光芒文字"制作**

（1）选择菜单【文件】→【新建】命令，新建一个 Flash 文档。

（2）选择工具箱中的【文本工具】，在其属性面板中选择"静态文本"选项，设置字体为"Arial"、大小为"80"、颜色为"蓝色"、加粗、字符间距为"20"，如图 1-125。

图 1-125

（3）设置完成后，鼠标移至舞台中，单击鼠标出现文本框，输入内容"Flash"。

（4）输入内容并选中，使用快捷键【Ctrl+B】（分离）一次。选中全部文字，点击"滤镜面板"。找到 ⊞ 按钮，单击出现下拉列表选项，选择"发光"，设置数据如图 1-126。

图 1-126

（5）鼠标回到舞台，选中字母"L"更换填充颜色为深绿色，回到"滤镜面板"→"发光"中颜色，更换发光颜色为浅绿色。

（6）鼠标回到舞台，选中字母"A"更换填充颜色为深红色，回到"滤镜面板"→"发光"中颜色，更换发光颜色为浅红色。

（7）鼠标回到舞台，选中字母"S"更换填充颜色为深黄色，回到"滤镜面板"→"发光"中颜色，更换发光颜色为浅黄色。

（8）鼠标回到舞台，选中字母"H"更换填充颜色为深紫色，回到"滤镜面板"→"发光"中颜色，更换发光颜色为浅紫色。

（9）完成以上步骤，变得如图 1-127 所示效果。

图 1-127

课后练习：学习文字的使用方法，并能制作更多特效。

1.4　图像编辑

1.4.1　位图与矢量图

计算机绘图分为位图（又称点阵图或栅格图像）和矢量图形两大类，认识它们的特色和差异，有助于创建、输入、输出编辑和应用数字图像。位图图像和矢量图形没有好坏之分，只是用途不同而已。因此，整合位图图像和矢量图形的优点，才是处理数字图像的最佳方式。

位图是由一格一格的小点的像素来描述图像的，这些点可以进行不同的排列和染色以构成图样。将图形的局部一直放大，到最后一定可以看见一个一个像马赛克一样的色块，这就是图形中的最小元素——像素点。到这里，我们再继续放大图像，将看见马赛克继续变大，直到一个像素占据了整个窗口，窗口就变成单一的颜色。这说明这种图形不能无限放大，如图 1-128。

位图的文件类型很多，如*.bmp、*.pcx、*.gif、*.jpg、*.tif、photoshop 的*.psd、kodak photo CD 的*.psd、corel photo paint 的*.cpt 等。同样的图形，存储成以上几种文件时文件的字节数会有一些差别，尤其是 jpg 格式，它的大小只有同样的 bmp 格式的 1/35 到 1/20，这是因为它们的点矩阵经过了复杂压缩算法的缘故。

放大后

图 1-128

　　矢量图使用线段和曲线描述图像，所以称为矢量，同时图形也包含了色彩和位置信息。矢量图形是"分辨率独立"的，这就是说，当显示或输出图像时，图像的品质不受设备的分辨率影响。如图 1-129。放大后的矢量图形，我们看见图像的品质没有受到影响。

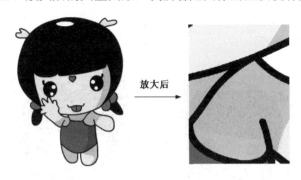

图 1-129

　　在 Flash 中，导入的图像只有在经过矢量化后才能对其进行编辑和修改，而且只是针对没有被分离过的图像进行矢量转换。色彩越少、越没有层次感的位图，转换后的效果越好，反之，则效果越差。位图转化图步骤如下。

　　首先选择菜单栏【文件】→【导入】→【导入到舞台】命令或快捷键【Ctrl+R】，在弹出的对话框中选择需要转化的位图，选好后，单击"打开"按钮，将其导入。然后选中刚刚导入的位图，选择菜单栏【修改】→【位图】→【转换位图与矢量】命令，在弹出的对话框中设置各个选项，如图 1-130 所示。

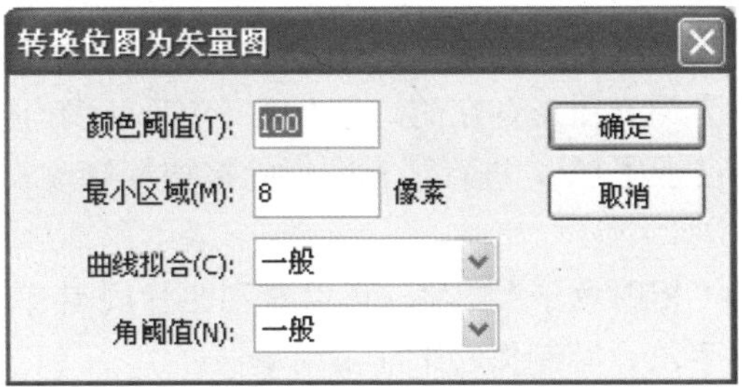

图 1-130

　　颜色阀值：限定色彩值的范围。参数范围 1～500。阀值越大，转换后的矢量图颜色越少，反之越多。

　　最小区域：在指定的像素颜色时需要考虑的周围的像素数量，即转换的精确程度。参数范围 1～1000。数值越小，转换后与原图的差别越小。

　　曲线拟合：设置转换后的曲线平滑程度。单击在其右侧的下拉列表列出像素、非常紧密、紧密、一般、平滑以及非常平滑 6 个选项，可根据需要选择。

　　角阀值：设置转后的矢量图中曲线的弧度要转化成拐点的范围。单击在其右侧的下拉列表列出较多转角、一般、较少转角 3 个选项，可根据需要选择。

　　设置以上需要选项后，单击"确定"按钮，即可显示进度对话框，如图 1-131。完成后便显示转换矢量图形后的矢量图形，如图 1-132。

图 1-131

图 1-132

1.4.2 "霓虹灯"绘制之线条与填充

1. 将线条转换为填充

线条与填充的转换,也是 Flash 中常用的工具,使用此命令可以完成很多特殊效果。

首先使用工具箱中的【矩形工具】(R),设置属性面板笔触高度为"5"。然后双击矩形的轮廓线条,选择菜单栏【修改】→【形状】→【将线条转为填充】命令,此时的线条已不是先前的笔触了,而是作为填充图形存在的,在"填充色"处调出颜色库,可给此填充更换颜色,且可以使用【选择工具】(V)进行填充图形的拖拽等修改。

2. 扩展填充

先前我们学习制作的"招财童子"图案,可以看到图片周围有一圈白色轮廓,这是现在网络上很流行的一种表现手法,其制作起来非常简单。

(1)选择【文件】→【打开】命令或快捷键【Ctrl+O】,在弹出的对话框中选择先前保存的"招财童子"的制作文件。

(2)单击【选择工具】(V),单击属性面板,设置背景 背景: ■ 为红色。

(3)框选矢量文件,将其全部选中,使用快捷键【Ctrl+C】复制此图形,然后选择工具箱的颜色区中笔触颜色,单击下面的"没有颜色",此时舞台中的矢量状况为图 1-133 所示。

(4)再次框选全部图形,单击工具箱颜色区中填充颜色,在弹出的颜色库中选择白色,此时图形为图 1-134 所示。

(5)再次全部选中此图形,选择菜单栏中【修改】→【形状】→【扩展填充】命令,将弹出"扩展填充"设置选项对话框,如图 1-135。

(6)选择默认选项,单击"确定"按钮便完成了填充。

图 1-133　　　　　　　　　　　图 1-134

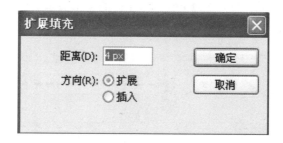

图 1-135

（7）回到舞台工作区，使用快捷键【Ctrl+Shift+V】将先前复制的图形粘贴到当前位置，再选择菜单栏【修改】→【组合】命令或快捷键【Ctrl+G】，将此图形创建组级别。

（8）以上步骤完成后，便完成了增加白色轮廓的效果，如图 1-136。

图 1-136

3. 柔化填充边缘

柔化填充边缘命令使本来清晰的填充区域边缘产生一种模糊的效果，使图形变得更加美观。现在介绍一种霓虹灯文字的制作方法。

（1）首先使用组合键【Ctrl+N】新建一个文件。

（2）设置场景属性，大小为"550×200 像素"，背景为"黑色"。

（3）单击工具箱中【文本工具】（T），在属性面板中设置文本的属性：文本类型为"静态文本"，字体为"Arial"，字体大小为"85"，颜色为"白色"，字间距为"15"。设置完毕，在舞台中输入文本"Flash"，如图 1-137 所示。

图 1-137

（4）单击选中文本，连续两次使用快捷键【Ctrl+B】分离组合键，将文本打散。

（5）单击工具箱中【墨水瓶工具】（S），在属性面板中设置笔触的颜色为"黄色"，笔触高度为"3"，笔触样式为虚线，如图 1-138。

图 1-138

（6）设置好后，单击被打散的文字，给文字添加新的边缘，如图 1-139 所示。

图 1-139

（7）使用组合键【Ctrl+A】选中舞台全部内容，单击颜色区填充色，然后单击下面的"没有颜色" 按钮，此时舞台文字的填充颜色已被删除，如图 1-140 所示。

图 1-140

（8）使用组合键【Ctrl+A】选中舞台全部内容，选择菜单栏【修改】→【形状】→【将线条转为填充】命令。

（9）紧随以上步骤，选择菜单栏【修改】→【形状】→【柔化填充边缘】命令，在弹出的对话框中，选择默认设置，点击"确定"按钮，效果如图 1-141 所示。

（10）完成以上步骤，使用组合键【Ctrl+S】将文件进行保存。

图 1-141

1.4.3　组合、取消组合、打散图像

1. 组合图像

组合图像：就是将需要组合在一起的图形先选中，然后选择【修改】→【组合】命令或快捷键【Ctrl+G】便可将所选的图像组合成一个整体，如图 1-142。

图 1-142

2. 取消组合图像

取消组合图像：首先选中组合在一起的图形，然后选择【修改】→【取消组合】命令或快捷键【Ctrl+Shift+G】便可取消所组合在一起的图形，如图 1-143。

图 1-143

3. 打散图像

打散包括位图、文字和结组后的图形，打散后选中成为一个个像素点的图形，从而可以对某一部分进行编辑。

打散，首先选中要打散的对象，选择菜单栏【修改】→【分离】命令或快捷键【Ctrl+B】，便可将此对象打散。若存在多次组合，则需要进行多次打散操作。如图 1-144 所示为各种对象未打散前和打散后的状态。

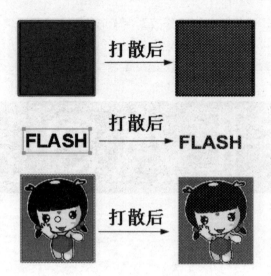

图 1—144

1.4.4 "五角星"绘制之图像修改

● **利用"变形"面板绘制五角星**

（1）使用组合键【Ctrl+N】新建一个 Flash 文档。

（2）选择工具箱中的【椭圆工具】（O），设置颜色区的填充色为无色。

（3）配合【Shift】键在舞台工作区中绘制一个正圆，如图 1-145 所示。

（4）选择工具箱中的【线条工具】（N），在圆的中间配合【Shift】键绘制一条直线，如图 1-146。

（5）单击选中此直线，选择菜单栏【窗口】→【变形】命令或快捷键【Ctrl+T】。在右侧的变形面板可以看到如图 1-147 所示的设置。

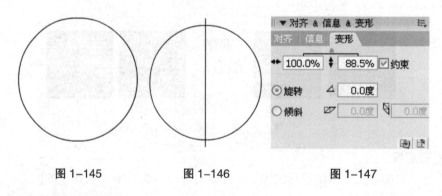

图 1—145 　　　　　　　 图 1—146 　　　　　　　 图 1—147

↔ 100.0% ↕ 88.5%：分别用来设置绘制形状。

◉ 旋转 △ 0.0度：用来设置图形对象的旋转角度。范围在-360°～360°之间，输入正数，顺时针旋转；反之输入负数，表示逆时针旋转。

◉ 倾斜 ▱ 0.0度 ◻ 0.0度：左边输入框用来设置水平倾斜角度值，右边输入框用来设置垂直倾斜角度值。

（复制并应用变形）：单击此按钮，在保留原图形的基础上，变形重新复制的图形。

（重设）：单击此按钮，可以撤销最后一次旋转或倾斜角度的操作。

（6）单击"旋转"，在右侧的输入框中将"0.0 度"改为"36 度"。

（7）单击 4 次复制并应用变形按钮，效果如图 1-148 所示。

（8）单击【线条工具】（N），在属性面板设置笔触颜色为"红色"，参照图 1-149 所示，绘制五条红色直线。

（9）如果以上操作都在（0 象绘制状态）下进行，则需要使快捷键【Ctrl+A】全选全部线条，然后 Ctrl+B 分离将线条全部打散。如果非在对象绘制状态下进行，即可跳过此项。

（10）使用【选择工具】（V）选择多余的线将其删除，如图 1-150 所示。

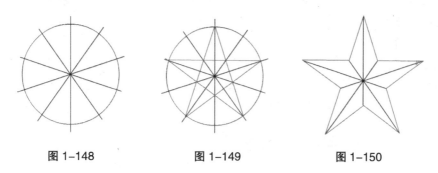

图 1-148　　　　　图 1-149　　　　　图 1-150

（11）使快捷键【Ctrl+A】选中全部线条，单击颜色区的笔触颜色，在弹出的颜色库里选择深红色。然后选择【颜料桶工具】（K），选择如图 1-151 所示的合适颜色进行填充。

图 1-151

（12）完成以上步骤，选择【文件】→【保存】命令或快捷键【Ctrl+S】，在弹出的对话框中命名将该文件保存。

课后练习：练习使用变形面板。

1.4.5　"胶片"效果之图像修改

1. 信息面板

首先选择工具箱【矩形工具】（R），配合【Shift】键绘制一个正方形。选择菜单栏【窗口】→【信息】或快捷键【Ctrl+I】调出信息面板，如图 1-152 所示。

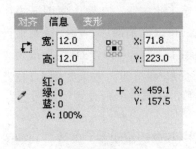

图 1-152

在"信息"面板中显示了图形的宽度和高度，右上角的 X、Y 值显示数值为当前所选图形在舞台中的坐标值。

2. 对齐面板

如果要对舞台中多个对象进行对齐或分布操作，可选择栏【修改】→【对齐】菜单下的子菜单根据需要进行处理，如图 1-153。或选择菜单栏【窗口】→【对齐】命令，在打开的"对齐"面板中进行处理，如图 1-154。

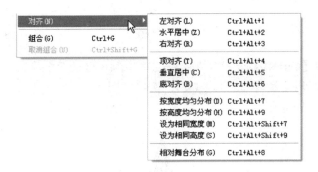

图 1-153

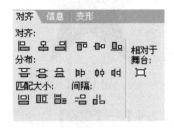

图 1-154

在图 1-154 所示的"对齐"面板中有 4 个选项区：对齐、分布、匹配大小、间隔。

对齐——

（左对齐）：向所有图形的最左边对齐。若点下"相对于舞台" 按钮，所有图形左侧将对齐于舞台的左边。

（水平中齐）：沿着水平方向向所有图形的中心对齐。若点下"相对于舞台" 按钮，所有图形中侧将水平居中于舞台内。

（右对齐）：向所有图形的最右边对齐。若点下"相对于舞台" 按钮，所有图形右侧将对齐于舞台的右边。

　　□□（上对齐）：向所有图形的最上边对齐。若点下"相对于舞台"□□按钮，所有图形上侧将对齐于舞台的上边。

　　□□（垂直中齐）：沿着垂直方向向所有图形的中心对齐。若点下"相对于舞台"□□按钮，所有图形中垂直居中于舞台内。

　　□□（底对齐）：向所有图形的最下边对齐。若点下"相对于舞台"□□按钮，所有图形下侧将对齐于舞台的下边。

　　分布——

　　□□（顶部分布）：所有选中图形的上边界等间隔分布。

　　□□（垂直居中分布）：所有选中的图形的中心点在垂直方向上等间隔分布。

　　□□（底部分布）：所有选中图形的下边界等间隔分布。

　　□□（左侧分布）：所有选中图形的左边界等间隔分布。

　　□□（水平居中分布）：所有选中的图形的中心点在水平方向上等间隔分布。

　　□□（右侧分布）：所有选中图形的右边界等间隔分布。

　　匹配大小——

　　□□（匹配宽度）：将所有选中图形的宽度调整为图形中宽度最大的值。若点下"相对于舞台"□□按钮，所有选中图形宽度将与舞台的宽度相配。

　　□□（匹配高度）：将所有选中图形的高度调整为图形中高度最大的值。若点下"相对于舞台"□□按钮，所有选中图形高度将与舞台的高度相配。

　　□□（匹配宽和高）：将所有选中图形的宽度和高度调整为图形中宽度和高度最大的值。若点下"相对于舞台"□□按钮，所有选中图形的宽度和高度将与舞台的高宽相匹配。

　　间隔——

　　□□（垂直平均间隔）：单击此按钮可以使选中的图形在垂直方向等距分布。若点下"相对于舞台"□□按钮，所有选中图形将垂直平均间隔在舞台上。

　　□□（水平平均间隔）：单击此按钮可以使选中的图形在水平方向等距分布。若点下"相对于舞台"□□按钮，所有选中图形将水平平均间隔在舞台上。

　　●　利用"对齐"面板绘制胶片效果

　　（1）首先使用快捷键【Ctrl+N】新建一个文档。

　　（2）选择工具箱的【矩形工具】（R），填充色设为"黑色"，然后在舞台上绘制一个矩形。

　　（3）绘制好后，点开属性面板，在左边设置其宽为"450"，高为"120"，如图 1-155 所示。

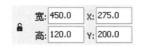

图 1-155

　　（4）光标回到舞台，配合【Shift】键，绘制一个正方形，在属性面板处设置其宽和高为"12"。

　　（5）选择工具箱【选择工具】（V），选中第二次绘制的正方形并按住 Alt 进行多次绘制，如图 1-156 所示。

图 1-156

（6）选中刚刚复制的一排矩形。打开"对齐"面板，单击"上对齐" ，再单击"水平平均间隔"。单击"填充色"，在弹出的颜色库中选择"红色"。

（7）选择菜单【修改】→【组合】或快捷键【Ctrl+G】将此排矩形进行组合。使用组合键【Ctrl+D】直接复制一组。

（8）分别将两组矩形移动至绘制的第一个矩形上，并单击"对齐"面板的"左对齐" 按钮。如图 1-157 所示。

图 1-157

（9）使用快捷键【Ctrl+A】选中全部图形，选择菜单【修改】→【分离】命令或快捷键【Ctrl+B】进行分离。

（10）分离后将红色方框选中删除，如图 1-158 所示。

图 1-158

（11）选择"混色器"中"类型"的"位图"，在弹出的对话框中选择一张位图。

（12）选择工具箱中的【矩形工具】（R）绘制一个由位图填充的矩形，然后在属性面板设置宽为"100"，高为"70"。

（13）选中此图形并配合【Alt】键复制出三个。选中四个图形如图填充图形，然后在"对齐"面板里设置"上对齐" 和"水平平均间隔"。

（14）设置好后将其放置先前的黑色矩形中间，效果如图 1-159 所示。

图 1-159

（15）完成以上步骤，进行保存即可。

课后练习：练习使用对齐面板。

1.5   "秋景"绘制之元件篇

元件是动画形成的重要元素之一，在 Flash 中随处都可以看到元件的存在。元件包括了图形元件、影片剪辑元件和按钮元件 3 种类型。

1.5.1　"秋景"之图形元件

Flash 图形元件使用于静态图像，如矢量图和位图；存在于库面板，可反复取出使用；不支持声音和交互图像。

1. 创建图形元件

图形元件相对影片剪辑和按钮来说是比较简单的一种元件，可以先创建一个空白元件在里面进行编辑，或将已经存在舞台上的元素转换为元件。

选择菜单栏【插入】→【新建元件】或快捷键【Ctrl+F8】，即打开"创建新元件"对话框，如图 1-160 所示。如果第一次打开，"类型"默认为影片剪辑，在此点击图形；在"名称"右侧可输入区域输入新建元件的名称，如图 1-161 所示。

图 1-160

图 1-161

设置完后单击"确定"按钮便新建了一个图形元件，此时可以看到场景名称后面显示了刚刚新建元件的名称，如图 1-162 所示，说明进入了此元件的编辑状态，并且舞台中心位置出现了一个注册点"＋"。在此元件内进行绘制，完成后，鼠标单击场景名称处便可退出元件回到舞台工作区。选择菜单栏【窗口】→【库】命令或快捷键【Ctrl+L】，打开库面板，可以看到此图形元件，如图 1-163 所示。

图 1-162　　　　　　　　　　图 1-163

如果想把舞台上已有的图片转化为元件，首先选中要转换成元件的图形，然后选择菜单栏【修改】→【转换为元件】命令，快捷键【F8】；或者单击鼠标左键，在弹出的下拉列表中，选择"转化为元件"。此时会弹出"转化为元件"对话框，如图 1-164 所示。在此对话框中输入名称，选择需要的类型，单击"确定"按钮即可将图形转换为元件。

图 1-164

此时转换为元件后，并没有像新建元件那样进入其编辑状态，若想要进行改动，则需要双击该图形元件，便可进入将其进行编辑，再次双击空白处便可回到所在的场景舞台。

2. 库

"库"面板存储了 Flash CS6 中创建的所有元件以及导入的图片、声音等文件，在"库"面板中可以实现创建、编辑和修改元件等操作，而且可以显示一些动画。

选择菜单栏【窗口】→【库】命令，或快捷键【Ctrl+L】便可打开库面板，如图 1-165 所示。

图 1-165

3. "库"面板中各项功能

⬓：用来切换文件的排列顺序。

▢（宽库视图）：单击此按钮可以将面板展开，如图 1-166 所示。里面包含了名称、类型、使用次数、连接和修改日期 5 种类型，下面的文件信息将详细列在上面。

▯（窄库视图）：单击此按钮可以缩小库面板到只显示名称。

⬙（新建元件）：单击此按钮后将弹出"创建新元件"对话框，新建一个元件。

⬒（新建文件夹）：单击此按钮可以创建一个文件夹，创建的文件夹可以用来分类文件

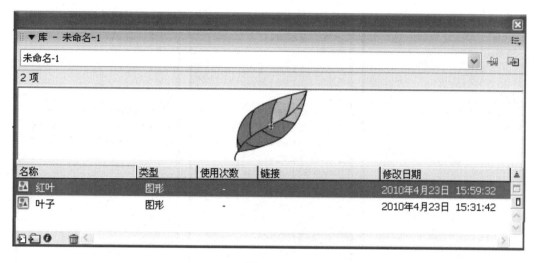

图 1-166

等，只要将需要分类的文件拖动到文件夹内即可。

        🛈（属性）：单击此按钮可以打开此时选中元件的"元件属性"对话框，如图 1-167。

        🗑（删除）：单击此按钮便可删除所选中的元件或文件夹等。

图 1-167

    选择菜单栏【文件】→【导入】，其列表有"导入到舞台""导入到库""打开外部库"等。前面章节中了解了"导入到舞台"就是可以将文件导入到舞台工作区内；"导入到库"即将导入到库面板中，使用文件时，在库中拖拽到舞台即可；"打开外部库"可以打开其他 Flash 源文件中的库，很方便地使用其库中的文件。

    选择菜单栏【窗口】→【公共库】其列表有"学习交互""按钮""类"三种，分别点击如图 1-168。这是 Flash CS6 中很方便的自带的共用库，在需要时可以在其中直接调用需要的元件。"共享库"和"库"的操作方法相同，即打开选中需要调入舞台的元件，按下鼠标左键不放将其拖动到舞台即可。

    4. 图形元件属性设置

    图形元件属性包括颜色、透明度及大小等，对其进行编辑改变其属性，并不会影响此元件内的内容。

    首先选中图形元件，点开属性面板，如图 1-169 所示。

    面板中各项功能：

    "宽"和"高"文本框：用来设置图形元件实例的尺寸。单击前面小锁🔒，将比例固定，缩放时不会变形，如果只调节一方，可以再次单击此锁成🔓状态时便可。

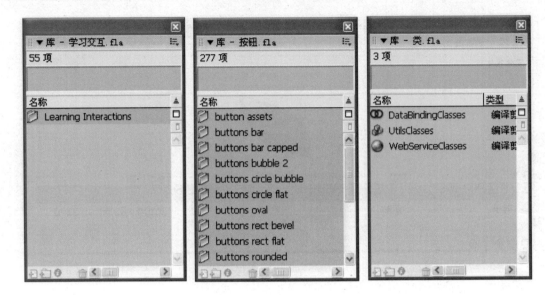

图 1-168

图 1-169

"X" 和 "Y" 坐标：输入数值可以确定图形的位置。

交换... （交换元件）：单击此按钮，将弹出"交换元件"对话框，在此选择需要交换的元件，单击"确定"按钮便可进行交换，如图 1-170 所示。

循环 （图形选项）：点击右侧的下拉按钮可以选择元件的播放形式，如图 1-171。

选择"循环"，播放该元件时，其内部内容将循环播放；"播放一次"，播放该元件时，其内部内容播放完毕后将停止在最后一帧，只播放一遍；选择"单帧"时，该元件将停止在该帧不动。

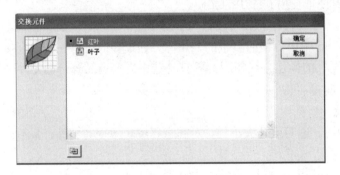

图 1-170

图 1-171

第一帧: 1 （第一帧）：可以用来设置元件动画播放时的起始帧。假设在后面可输入区输入 5，播放该元件动画时将跳过元件内的第 1～4 帧，从第 5 帧开始播放。

（颜色样式）：单击右侧的下拉列表，可以选择颜色设置的类型。

● **"图形元件"的颜色设置**

单击上面颜色样式右侧的下拉列表，可以看到由"无""亮度""色调""Alpha"以及"高级"五个选项，如图 1-172。

图 1-172

"无"：本身没有任何设置。选择其他类型设置后不想要了，可以再选择此选项取消其他颜色的设置。

"亮度"：选择此项后，右侧将出现一个输入框 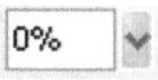 0% ，在此输入框中可以设置亮度的数值，也可拖动滑调进行调节。如图 1-173 是将元件亮度分别设为+50 和-50 的不同效果。

无　　　　亮度+50　　　亮度-50

图 1-173

"色调"：选择此项后，颜色样式将出现如图 1-174 所示的选项。□用来设置色调的颜色，100% 用来调节该色调的比例。

颜色：色调　□　100%
RGB：255　255　255

图 1-174

"Alpha"：此项为透明度的设置，在其右侧输入数值，或拖动右侧滑块进行调节。透明度选项多用于淡入淡出的效果。

"高级"：选择高级选项，在其右侧会出现"设置..." 设置... 按钮，单击此按钮会弹出"高级效果"对话框，如图 1-175。在此可以调节元件的整体色调。左边一列分别为红、绿、蓝 3 种颜色和透明度构成的百分率，取值范围在-100%～+100%；右边一列的 R、G、B 和 A 分别为红、绿、蓝和透明度，用来调整偏色度和透明度，取值范围在-255～255。

图 1-175

● **秋景**

（1）首先选择【文件】→【新建】命令，或快捷键【Ctrl+N】新建一个空白文档。

（2）选择工具箱【矩形工具】（R），在舞台工作区绘制一个矩形并将其选中，使用快捷键【Ctrl+K】调出对齐面板，点下"相对于舞台"按钮，然后选择"匹配高宽 ⊞" 使其与舞台同样大小，再单击"左对齐 ⊫"和"上对齐 ⊡" 使其与舞台对齐。

（3）若图形在绘制对象下绘制的，使用快捷键【Ctrl+B】分离命令将绘制的其分离，若否，则跳过此步。

（4）单击选中填充图形，将其删除，然后双击矩形线条将其选中，使用快捷键【Ctrl+C】进行复制，然后使用组合键【Ctrl+Shift+V】将其粘贴到当前位置，使用工具箱中的【变形工具】（Q）配合【Alt】键将其围绕中心等比放大，如图 1-176 所示。

（5）在两个矩形中间，填充黑色，如图 1-177。此操作为了以后的制作更方便看出舞台的显示位置。

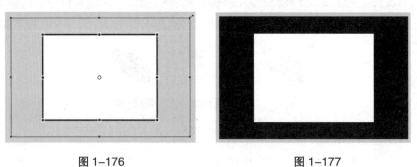

图 1-176　　　　　　　　　　　　　图 1-177

（6）将绘制黑框的图层锁定，单击"插入图层 ⤵"新建"图层 2"，双击更改命名为"背景"。

（7）在新建的"背景"层上使用【矩形工具】（R）在舞台上半部分绘制一条矩形，在混色器类型处选择"线性"渐变，如图 1-178。然后使用工具箱中的【填充变形工具】（F）调整为上下渐变，如图 1-179 所示。

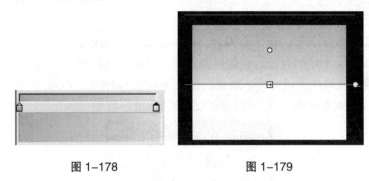

图 1-178　　　　　　　　　　　　　图 1-179

（8）将此层（背景）锁定，单击"插入图层 ⤵"新建"图层 3"，双击更改命名为"太阳"。

（9）在"太阳"层使用工具箱中的【椭圆工具】（O），更改"笔触颜色"为"无"，在混色器更改"线性"颜色为图 1-180，然后配合【Shift】键绘制一个正圆，使用工具箱中的

【填充变形工具】(F) 调整为上下渐变, 如图 1-181 所示。

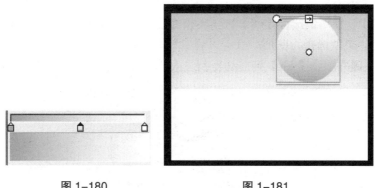

　　　　图 1-180　　　　　　　　　　　图 1-181

　　(10) 将此层 (太阳) 锁定, 单击 "插入图层 " 新建 "图层 4", 双击更改命名为 "白云"。

　　(11) 在此层使用工具箱中的【铅笔工具】(Y), 绘制白云, 绘制完后设置混色器中 "线性" 颜色如图 1-182 所示。

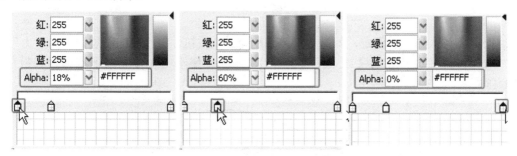

图 1-182

　　(12) 使用【颜料桶工具】(K) 为白云填充颜色, 并使用【填充变形】(F) 调整渐变为图 1-183 所示。选择菜单栏【修改】→【形状】→【柔化填充边缘】命令, 在弹出的对话框里, 点击 "确定"。

图 1-183

（13）将此层（白云）锁定，单击"插入图层 ➕◲"按钮，将新建的图层命名为"大雁"。

（14）选择【铅笔工具】（Y），设置"笔触颜色"和"填充色"为"黑色"，绘制一个"大雁"，并将其选中，使用快捷键【F8】将其转换为元件，在弹出的"转换为元件"对话框里，命名为"大雁"，类型选择为图形，点击"确定"即可。

按下鼠标左键并配合【Alt】键拖动复制"大雁"图形元件排成人字，如图1-184。

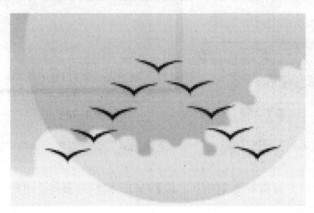

图 1-184

（15）将"大雁"层锁定，单击"插入图层 ➕◲"按钮，将新建的图层命名为"山"。

（16）使用工具箱中的【线条工具】（N），绘制一座小山并按照以上步骤调整颜色如图 1-185。

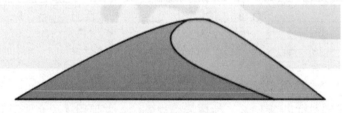

图 1-185

（17）选中小山的线条，将其删除。然后选中小山使用快捷键【F8】在弹出的"转换为元件"对话框中命名为小山，类型选择为图形，单击确定将此图形转换为元件。

（18）配合【Alt】键按下鼠标左键选中"小山"元件，拖动复制出一座小山并使用【任意变形工具】（Q）将其缩小，然后点击"属性面板"，在颜色区选择 Alpha 设置透明度为80%，效果如图1-186。

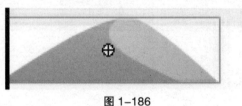

图 1-186

（19）配合【Alt】键按下鼠标左键选中"小山"元件，拖动复制出第三座小山并使用【任意变形工具】（Q）将其放大，然后点击"属性面板"，在颜色区选择"色调"，在旁边选择黑色，色彩鼠标数量选择"15%"，然后点击鼠标右键，在下拉列表中选择"排列"→"移至底层"命令，将此山移至前两个的下面，效果如图1-187。

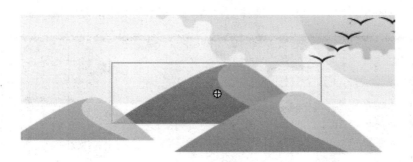

图 1-187

（20）配合【Alt】键按下鼠标左键选中并拖动刚刚复制出来的"小山"元件，然后选择菜单栏【修改】→【变形】→【水平翻转】命令，将刚复制出的小山进行翻转，点击鼠标右键，在下拉列表中选择"排列"→"移至底层"命令，将此山移至下面。

（21）根据以上步骤，拖动刚刚复制出的小山，再次进行复制，调整位置，并进行排列，如图1-188。

图 1-188

（22）将"山"层锁定，单击"插入图层 ＋ "按钮，将新建的图层命名为"树"。

（23）在"树"层，利用工具箱中的各种绘画工具绘制一棵树，如图1-189。

图 1-189

（24）选中这棵树，然后按下键盘【F8】，在弹出的"转化为元件"对话框中修改名称为"树"。类型选择"图形"，单击"确定"按钮即将转为图形元件。

（25）选中这棵树，按下鼠标左键并配合 Alt 键进行多次拖动复制树，如图 1-190。

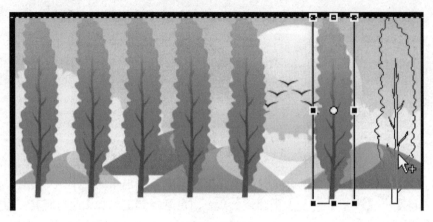

图 1-190

（26）复制完树，将此层锁定，单击"插入图层 "按钮，将新建的图层命名为"草地"。

（27）在"草地"层使用工具箱中的各种工具，绘制出草地，并安排其位置，如图 1-191 所示。

图 1-191

（28）绘制好草地，将此图层锁定，单击"插入图层 "按钮，将新建的图层命名为"小麦"。

（29）使用工具箱中的绘图工具等，绘制出一棵小麦，如图 1-192 所示。

图 1-192

（30）绘制好后，分别按以上方法将其转换为元件，按下鼠标左键并配合【Alt】键进行多次拖动复制，并调整位置及属性，效果如图 1-193 所示。

图 1-193

（31）完成以上步骤即可保存文件以备后面使用。

课后练习：练习使用图形元件。

1.5.2　"落叶"之影片剪辑

影片剪辑，主要用来创建单独的动画，可包含其他元件、声音和动作。

1. 创建影片剪辑

选择菜单栏【插入】→【新建元件】命令或快捷键【Ctrl+F8】，在弹出的"创建新元件"对话框中的"类型"选项组中选择"影片剪辑"选项，单击"确定"按钮即可，此时便进入影片剪辑内部的可编辑状态，点击此"影片剪辑元件名称"前面的"场景 1"便可回到舞台工作区；回到场景后，【Ctrl+L】打开库面板将影片剪辑元件拖动至舞台工作区，双击此影片剪辑元件，便可在当前位置窗口中进行编辑，再次双击影片剪辑内的空白处便可退回到舞台。

2. 影片剪辑属性设置

首先选中一个影片剪辑元件，打开属性面板，如图 1-194。左侧会显示元件的类型，点击下拉菜单可以更改元件的类型。下面是宽和高的显示，直接输入数值也可使其改变。单击中间的"交换…"按钮可以将此元件交换成其他元件。右侧的"颜色"和上面元件的操作一样。下面的"混合"，单击右侧的下拉菜单可以选择混合的选项，根据需要可以调出不同的效果。

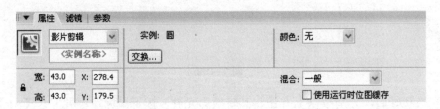

图 1-194

点击"滤镜"面板，如图 1-195。可以看到添加效果的按钮又可在此运用。单击 即可弹出下拉列表，根据需要添加效果。添加效果后，单击"删除滤镜" 按钮便可删除。

图 1-195

● **落叶效果**

（1）首先选择菜单栏【文件】→【打开】命令或快捷键【Ctrl+O】，在弹出的对话框中选择上面保存的"秋景"文件。

（2）锁定"小麦"层，单击"插入图层 "按钮，将新建的图层命名为"落叶"。

（3）使用工具箱中的【铅笔工具】（Y）绘制一片树叶，如图 1-196。

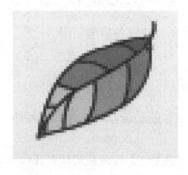

图 1-196

（4）选中落叶，使用快捷键【F8】，在弹出的"转换为元件"对话框中，设置选项如图 1-197。

图 1–197

（5）单击"确定"按钮。选中"落叶"元件按下鼠标左键并配合【Alt】键拖动复制出一个新的落叶元件，选择【任意变形工具】（Q）将其缩小。

（6）打开"滤镜"面板。添加模糊效果，设置数值为"2"，如图 1-198，

图 1–198

（7）选中"落叶"元件按下鼠标左键并配合【Alt】键多次拖动复制出新的落叶元件，选择【任意变形工具】（Q）调整大小和位置等。

（8）根据需要设置颜色和模糊等效果，最终效果如图 1-199。

图 1–199

（9）完成以上步骤即可保存文件。

课后练习：练习使用影片剪辑。

1.5.3 "超炫按钮"之按钮

按钮元件是一个比较特殊的元件，多用来配合动作脚本控制使用。

按钮的时间轴带有特定的 4 个帧：弹起、指针经过、按钮和点击。每个帧上都可创建不同的内容。

● 利用"对齐"面板绘制胶片效果

（1）首先使用快捷键【Ctrl+N】新建一个文档。

（2）设置文档属性：背景颜色为"黑色"，其他默认。

（3）选择工具箱的【椭圆工具】（O），设置笔触颜色为"白色"，填充色为"无色"，笔触高度为"8"，线条样式为点状线，如图 1-200。

图 1-200

（4）配合【Shift】键在舞台中心画一个正圆。单击选中此图形，选择菜单栏【修改】→【转化为元件】命令或快捷键【F8】。在弹出的"转化为元件"对话框中，在"名称"后面输入"圆"。"类型"选择"按钮"，"注册"点击中心的点，如图 1-201 所示。设置完后单击"确定"按钮。

图 1-201

（5）选择【窗口】→【变形】命令或快捷键【Ctrl+T】调出变形面板。在比例处设置如图 1-202 所示。

图 1-202

（6）然后连续多次点击"复制并应用变形" 按钮。此时舞台图形如图 1-203 所示。

注：一般点击 10 次左右就不能等比放大了，如果还需要可以复制新的图形后选择【任意变形】工具手动放大或缩小。

图 1-203

（7）双击图形，进入按钮内部。单击选中图层 1 的"弹起"帧，然后将其关键帧拖动到"指针经过"帧上，如图 1-204；单击选中图层 1 的"按下"帧，右击鼠标在弹出的下拉列表中选择"插入帧"，如图 1-205。

图 1-204

图 1-205

（8）单击"插入图层" 按钮，新建"图层 2"。单击选中图层 1"指针经过"下的关键帧并配合 Alt 键拖动复制到图层 2 上，如图 1-206。

图 1-206

（9）单击选中图层 2 的"按下"帧，右击鼠标在弹出的下拉列表中选择"插入关键帧"。

（10）单击选中图层 2"按下"关键帧上的图形，设置笔触颜色为"黄色"。

（11）锁定图层 2。单击选中图层 1"指针经过"关键帧上的图形，设置笔触样式为"实线"，然后单击颜色区的"笔触颜色"在弹出的颜色库中，设置 Alpha 值为 0，如图 1-207。

（12）设置完毕，双击按钮元件的空白处返回到场景 1。此时图形如图 1-208 所示。

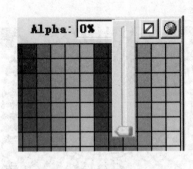

图 1-207

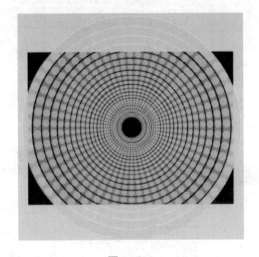

图 1-208

（13）选择菜单栏【控制】→【测试影片】命令或快捷键【Ctrl+Enter】，在弹出的 swf 预览文件里可以看到效果。

（14）完成以上步骤，进行保存即可。

课后练习：练习使用按钮元件，分析【窗口】→【共用库】→【按钮】中的按钮元件制作方法。

1.6　基本动画

在了解动画之前，先了解一下帧，帧是组成动画的基本元素，可以说动画就是依次显示每一帧上的内容而构成的。

1. 帧的介绍

帧分为 3 种类型：普通帧、关键帧、空白关键帧。

普通帧：不起关键作用，用于缩短或延长动画的显示时间，以空心矩形或单元格□来表示。如图 1-209 为普通帧。插入普通帧方法：光标移至要插入普通帧的帧上，单击鼠标右键，在弹出的下拉列表中选择"插入帧"或快捷键【F5】。

　　关键帧：用来定义动画播放过程中呈关键性动作和变化的帧，在关键帧与关键帧之间或前后可以添加普通帧而延长动画播放的时间。关键帧上呈黑色圆点状●，如图 1-210。插入关键帧方法：光标移至要插入关键帧的帧上，单击鼠标右键，在弹出的下拉列表中选择"插入关键帧"或快捷键【F6】。

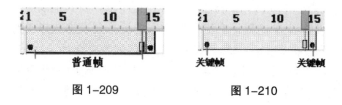

图 1-209　　　　　　　　　图 1-210

　　空白关键帧：就是此关键帧上没有东西，空白关键帧上呈空心的圆圈状○，如图 1-211。在空白关键帧上绘制内容，它将变成有内容的关键帧。插入空白关键帧方法：光标移至要插入空白关键帧的帧上，单击鼠标右键，在弹出的下拉列表中选择"插入空白关键帧"或快捷键【F7】。

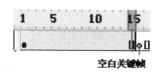

图 1-211

2. 帧的操作

　　帧的操作包括选择帧、复制和粘贴帧、移动帧以及删除帧等。

　　选择帧：光标移至需要选择的帧上单击鼠标左键即可选中该帧，如图 1-212（1）；按住【Shift】键，单击需要选择的起始帧，然后再单击所选择的终点帧，即可将它们中间连续的帧全部选中，如图 1-212（2）；按住【Ctrl】键单击要选择的帧，便可以选择不相邻的帧，如图 1-212（3）；选择【编辑】→【时间轴】→【选择所有帧】命令或快捷键【Ctrl+Alt+A】便可选中所有帧，如图 1-212（4）。

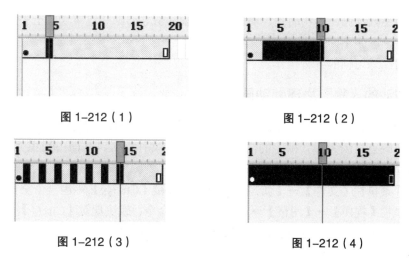

图 1-212（1）　　　　　　　　　图 1-212（2）

图 1-212（3）　　　　　　　　　图 1-212（4）

复制和粘贴帧：首先按以上适合方法选中需要复制的帧，在被选中的帧上单击鼠标右键，从弹出的下拉列表中选择"复制帧"或快捷键【Ctrl+Alt+C】即可复制帧，然后在需要粘贴的帧上单击鼠标右键，在弹出的下拉列表中选择"粘贴帧"或快捷键【Ctrl+Alt+V】即可粘贴帧。

移动帧：先选中需要移动的帧，再按下鼠标左键不放，将其拖动至需要的地方即可，如图 1-213；在要移动的帧上单击鼠标右键，在弹出的下拉列表中选择"剪切帧"命令，然后再需要移动到的位置上单击鼠标右键，在弹出的下拉列表中选择"粘贴帧"；也可以选择菜单栏中【编辑】→【时间轴】→【剪切帧】命令或快捷键【Ctrl+Alt+X】即可剪切帧，然后选择需要粘贴的帧上选择菜单栏【编辑】→【时间轴】→【粘贴帧】命令或快捷键【Ctrl+Alt+V】即可粘贴帧。

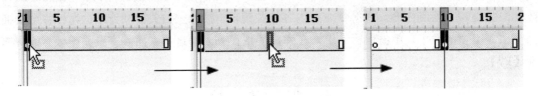

图 1-213

删除帧：首先选中需要删除的帧，在其上单击鼠标右键，在弹出的下拉列表中选择"删除帧"命令或快捷键【Shift+F5】，即可删除所选中的帧，如图 1-214 所示。

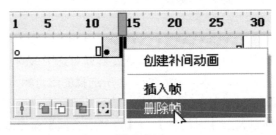

图 1-214

动画分为逐帧动画、形状动画、动作补间动画、引导动画和遮罩动画五种，每一种都用于不同的类型，产生不同效果。

课后练习：练习帧的各种操作。

1.6.1 "跑动的人物"之逐帧动画

逐帧动画，就是在时间帧上逐帧绘制帧内容，由于是一帧一帧的画，所以逐帧动画非常灵活，但也有缺点，因为每一帧上的内容不同，会使文件很大，从而占用很大的空间。

● 跑动的人物

首先选择菜单栏【文件】→【新建】命令或快捷键【Ctrl+N】新建一个空白 Flash 文档。

选择菜单栏【视图】→【网格】→【显示网格】命令，或快捷键【Ctrl+'】，即显示网格。

使用工具箱中各个工具绘制如图 1-215 所示的运动规律图。

图 1-215

　　绘制完后将图形分别分布在 10 个关键帧上，选择时间轴下方的"编辑多个帧"  按钮，然后点击"修改绘图纸标记" 按钮，然后在弹出的下拉列表中选"绘制全部"，如图 1-216。

　　在舞台上使用快捷键【Ctrl+A】全选命令，选中选取图形，然后选择菜单栏【窗口】→【对齐】或快捷键【Ctrl+K】调出"对齐"面板，选择"水平中齐" 按钮，此时舞台图形如图 1-217 所示。

图 1-216　　　　　　　　　　图 1-217

　　"水平中齐"后，点击"编辑多个帧" 按钮将此命令取消。然后单击前面的"绘图纸外观" 按钮。鼠标单击第 2 个关键帧，将"结束绘图纸外观"按钮拖动到第 2 帧上，如图 1-218。

图 1-218

此时调整舞台上的图形，将其上身对齐，如图 1-219 所示。

图 1-219

按照上面步骤依次调整第 3～10 帧内容。

调整完后即可使用快捷键【Ctrl+Enter】进行测试预览。

没有问题了即可保存文件。

课后练习：学习逐帧动画的使用方法，并能使用逐帧动画制作其他动画内容。

1.6.2 "字母变形"之形状补间动画

形状补间动画即变形动画，就是形状发生变化，包括颜色、大小及位置等。只需在两帧之间创建不同形状的对象便可给予变形动画。

1. 形状补间动画制作

形状补间动画应用于最基本图形与基本图形之间，即不能是元件、组合对象或位图等。

● **字母变形**

（1）首先选择菜单栏【文本】→【新建】命令或快捷键【Ctrl+N】新建一个空白 Flash 文档。

（2）单击工具箱中的【文本工具】（T），在"属性"面板中设置文本字体为黑体，字号为 150，颜色为黑色，在舞台中单击鼠标输入字母"A"，如图 1-220。

（3）单击时间轴第 10 帧，单击鼠标右键，在弹出的下拉列表中选择关键帧，选中字母"A"并将其改为"B"，如图 1-221。

（4）单击时间轴第 20 帧，单击鼠标右键，在弹出的下拉列表中选择关键帧，选中字母"B"并将其改为"C"，如图 1-222。

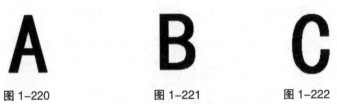

图 1-220　　　　　　　　　图 1-221　　　　　　　　　图 1-222

（5）单击时间轴第 30 帧，单击鼠标右键，在弹出的下拉列表中选择关键帧，选中字母"C"将其改为"A"。

（6）选择时间轴下方的"编辑多个帧" 按钮，再选择"修改绘图纸标记" 按钮，在弹出的下拉列表中选择"绘制全部"。

（7）使用快捷键【Ctrl+A】全选命令，选中全部字母，选择菜单栏【修改】→【分离】命令或快捷键【Ctrl+B】将所有字母打散。

（8）在时间轴上的第一帧处按下鼠标左键并拖动至 30 帧以前的任意一帧松开鼠标，然后点击打开"属性"面板，在补间选项处选择形状，如图 1-223。

图 1-223

（9）完成以上步骤，按组合键【Ctrl+Enter】预览效果。

课后练习：练习补间动画的操作方法，以便能够灵活制作各种补间动画。

2. 形状补间动画属性

上面的实例，完成形状补间动画的操作后，在属性面板里可以看到如图 1-224 的设置。

图 1-224

![帧标签]（帧标签）：在此输入标志性的文字、字母或数字等可以显示在帧上，起到标记的作用，如在此输入"A"则此关键帧上会显示![A]。

补间：点击右侧下拉按钮、动画和形状 3 种补间类型供选择。

缓动：可以用来设置动画从开始到结束的播放速度，如加速或减速。单击右侧的下拉按钮，拖动滑块即可设置速度。其默认值为"0"表示做匀速运动；设置数值为正数时，表示速度由快到慢，即减速运动，右侧将显示"输出"，如图 1-225（1）；相反，当数值为负数时，速度将由慢至快，即加速运动，右侧将显示"输入"如图 1-225（2）。

图 1-225（1）　　　　　　　　　图 1-225（2）

混合：单击右侧的下拉按钮有分布式、角型两种混合形式。"分布式"可以使中间帧过度更加平滑；"角型"可以使中间帧的形状延续关键帧上的棱角。

形状提示点：

使用形状补间动画，"形状提示点"是一个必不可少的内容。"添加形状提示"功能可以使我们精确地控制形状的变化过程，避免了图形在动画中发生凌乱的变化。通过在两个关键帧中添加对应的提示点，我们就可以使某一点不动或者按照我们的思路去变化，从而达到我们控制形状变化的效果。

● **翻页效果**

（1）首先选择菜单栏【文本】→【新建】命令或快捷键【Ctrl+N】新建一个空白 Flash 文档。

（2）使用工具箱中【矩形工具】（R）绘制两个矩形，如图 1-226 所示。

图 1-226

（3）使用【选择工具】（V）选中左边的图形，使用组合键【Ctrl+C】将其复制。

（4）锁定此层，单击"插入图层" 📲 按钮，新建一个图层，按下组合键【Ctrl+Shift+V】粘贴到当前位置命令。

（5）使用组合键【Ctrl+Alt+S】，弹出"旋转与缩放"对话框，设置缩放为"80%"，如图 1-227，单击"确定"即可。

图 1-227

（6）使用【选择工具】（V）调整其图形的位置并改变颜色为白灰色，如图 1-228 所示。

图 1-228

（7）选中"图层 1"，在时间轴的第 20 帧处按下【F5】键插入帧；选中"图层 2"，在此图层的第 20 帧处按下【F6】键插入关键帧，如图 1-229 所示。

（8）将"图层 2"中的矩形拖至右边的矩形上，使其左侧对齐，如图 1-230 所示。

（9）单击选中"图层 2"的第 1～19 帧的任意一帧，然后打开"属性"面板，在补间类型处选择"形状"。

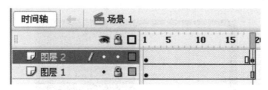

图 1-229

图 1-230

（10）单击选中"图层 2"的 1 帧，然后选择菜单栏【修改】→【形状】→【添加形状提示点】命令，此时舞台上出现带有红色圈的字母 ⓐ，此字母为 a-z 26 个字母，使用此命令，字母会按顺序添加。

（11）鼠标放在此提示点上，光标呈 ⳹+ 状态时，便可拖动，单击右键会出现下拉列表，有添加提示、删除提示、删除所有提示、显示提示 4 个选项，如图 1-231 所示。

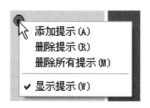

图 1-231

添加提示：选择此项可以快速地添加一个形状提示点，省去选择菜单的多个步骤。

删除提示：选择此项可以删除此形状提示点。

删除所有提示：选择此项则删除所有形状提示点。

显示提示：自动勾选此项，如果进行其他操作，形状提示点将在不显示的情况下，可以选择菜单栏【视图】→【显示形状提示点】命令或快捷键【Ctrl+Alt+H】即可显示。

（12）光标放置提示点上面，右下方呈"+"状态时，右键选择"添加提示"，连续以上操作至出现 d。然后将四个提示点分别移至白灰色矩形的四个角，如图 1-232 所示。

（13）单击"图层 2"的第 20 帧（关键帧），此时图形上也出现了四个提示点，根据翻转后的效果进行分配提示点，此时提示点呈绿色，如图 1-233，说明提示点已经与前面的提示点相对应了。

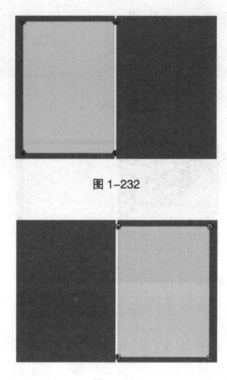

图 1-232

图 1-233

（14）完成以上步骤即可使用快捷键【Ctrl+Enter】进行测试预览。

课后练习：练习使用"形状提示点"功能，掌握其使用方法。

1.6.3　"转动的风车"之动作补间动画

1．"动作补间动画"的操作方法

动作补间动画用于"元件"或"组成对象"之间。在时间轴上的某一个关键帧上设置一个元件，然后在另一个关键帧上改变该元件的颜色、大小、位置或透明度等，在二者之间给予动画，便为动作补间动画。

● **转动的风车**

（1）首先选择菜单栏【文本】→【新建】命令或快捷键【Ctrl+N】新建一个空白 Flash 文档。

（2）双击图层 1 名称并命名为：风车层。

（3）使用工具箱中的【矩形工具】（R）绘制一条矩形，如图 1-234。

图 1-234

（4）双击选中此矩形按下【F8】键，在弹出的"转化为元件"对话框中，输入名称为"风车 1"，类型选择"图形"，注册点为中间点，如图 1-235。设置完单击"确定"按钮即可。

图 1-235

（5）选择菜单栏【窗口】→【变形】命令或快捷键【Ctrl+K】调出"变形"面板。

（6）单击选中"风车 1"元件，在"变形"面板旋转右侧填入数值"45 度"，然后点击 3 次"复制并应用变形" 按钮，效果如图 1-236。

图 1-236

（7）双击"风车 1"元件，进入其元件内部编辑状态，选择工具箱中的【线条工具】(N)，单击"颜色区"中的"笔触颜色"，在弹出的颜色库中选择红色。

（8）然后在矩形上绘制两条对角线，如图 1-237 所示。

图 1-237

（9）如果刚刚绘制的线是在"对象绘制"下进行，则需要使用快捷键【Ctrl+A】全选，然后使用【Ctrl+B】分离命令将其打散，反之则跳过此步。

（10）单击工具箱中的【选择工具】(V) 选中上下的三角形将其删除，如图 1-238 所示。

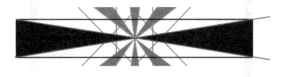

图 1-238

（11）使用【选择工具】(V) 框选元件内的全部图形，单击"颜色"区的"笔触颜色"选择"无色" ，此时效果如图 1-239 所示。

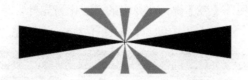

图 1-239

（12）双击元件内的空白处，回到场景 1 中。

（13）单击选中任意元件，选择"属性"面板中的"颜色"→"色调"→"橘黄色"，设置"色彩"数量为"100%"，效果如图 1-240 所示。

（14）依次按照以上方法更改其他元件为喜欢的颜色，如图 1-241 所示。

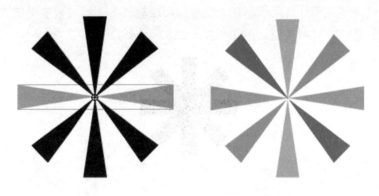

图 1-240   图 1-241

（15）锁定此图层（风车层），单击"插入图层" <img> 按钮，将新建的图层双击命名为"小木棒"。

（16）使用工具箱中的【矩形工具】（R）绘制一条细长的矩形，如图 1-242 所示。

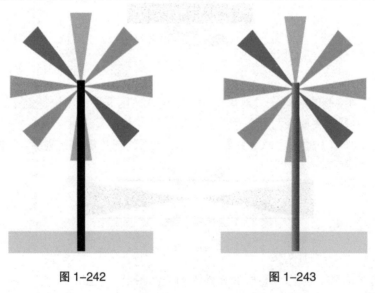

图 1-242   图 1-243

（17）使用【选择工具】（V）全部框选此矩形，选择菜单栏【窗口】→【混色器】命令或快捷键【Shift+F9】将"混色器"面板调出来，单击填充颜色，然后在其类型中选择"线性"，设置线性颜色为橘黄色和深褐色。此时矩形如图 1-243 所示。

（18）将"小木棒"层移至"风车层"下面并锁定。单击"插入图层" 按钮，将新建的图层双击命名为"圆"，并将此层移至最顶层，如图 1-244 所示。

（19）在"圆"的图层上使用【椭圆工具】(O)，在风车的中间配合【Shift】键绘制一个正圆，如图 1-245。

图 1-244

图 1-245

（20）锁定此图层（圆），然后将"风车层"解锁。单击选中"风车层"，选中此层上的所有元件，按下【F8】键，在弹出的"转化为元件"对话框中命名为"风车"，类型为"图形"，注册点为中间，如图 1-246，然后点击"确定"按钮。

图 1-246

（21）在时间轴的第 20 帧处，按下【F6】键插入一个关键帧；在"圆"层第 20 帧处单击鼠标左键并按下【Ctrl】键，单击"小木棒"层的第 20 帧，然后松开【Ctrl】键并按下【F5】键插入帧，此时时间轴效果如图 1-247 所示。

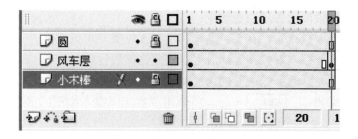

图 1-247

（22）单击"风车层"的第一帧，然后点开"属性"面板，如图 1-248。

（23）单击"补间"右侧的下拉按钮，在弹出的列表中选择"动画"。此时，属性出现动画补间类型的属性，如图 1-249。

（24）点击"旋转"右侧的下列按钮，在弹出的内容中选择顺时针，右侧会出现旋转数，填入数值为"1"次，如图 1-250。

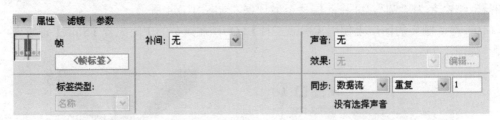

图 1-248

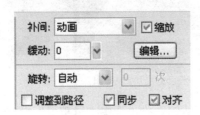

图 1-249

图 1-250

．（25）完成以上步骤即可选择菜单栏【控制】→【测试影片】或使用快捷键【Ctrl+Enter】预览效果。

"动作补间动画"的属性设置

上面的实例中，创建了动作补间动画后，出现的"属性"面板，如图 1-251 所示。

图 1-251

动作补间动画属性面板各项功能如下：

补间：点击右侧下拉按钮，有无、动画和形状 3 种类型可供选择。

缩放：选中该复选框，对象在运动时可以按照比例进行缩放。

缓动：设置动画在开始和结束的加速或减速等。

编辑：单击"编辑…" [编辑…] 按钮，将弹出"自定义缓入/缓出"对话框，在此对话框中可以设置动画缓入/缓出的效果，如图 1-252。

旋转：可以用来设置对象的旋转方向。点击其右侧的下拉按钮，包括无、自动、顺时针和逆时针 4 个选项，默认为自动。选择顺时针或逆时针后，其右侧可出现输入旋转次数的文本框，在里面输入需要的数值即可。

调整到路径：单击选中此复选框可以使对象沿着指定的路径进行运动，并随着路径的变

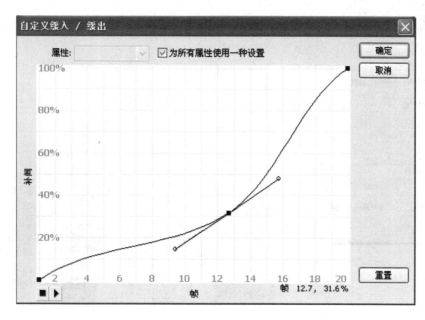

图 1-252

化会相应地调整角度。

同步：单击选中此复选框可以使动画在主场景中正确地循环，即可以首尾连续地循环播放。

对齐：选中此复选框可以使对象沿路径运动时会自动捕捉路径而使其与路径对齐。

课后练习：练习补间动画的操作方法，以便能够灵活制作各种补间动画。

2. 时间轴特效

时间轴特效可以用于各种类型的动画中，如文本、位图以及元件上，能快捷地创建比较复杂的动画。

选择菜单栏【插入】→【时间轴特效】命令，可以看到在其子菜单有变形、转换、分散式直接复制、复制到网格、分离、展开、投影及模糊 8 种命令。

3. 变形

选择菜单栏【文件】→【导入】→【导入到舞台】命令或快捷键【Ctrl+R】，在弹出的"导入"对话框中选择一张位图，然后单击"打开"将其导入。然后选中此位图，选择菜单栏【插入】→【时间轴特效】→【变形/转换】→【变形】命令，弹出如图 1-253 所示的"变形"对话框。

效果持续时间：在此输入变形特效的帧数。

更改位移方式：单击右侧下拉按钮还可选择"移动位置"选项，右侧的"X""Y"为此变形特效位移的像素数。

缩放比例：用来调整对象大小，左侧小锁 🔒 为按比例缩放，不想按比例缩放可点击解锁为 🔓，且右侧将出现 X 和 Y 轴的缩放百分率输入框。

旋转度数和旋转次数：具有相关联性，只在其中一个文本框中输入数值即可。例如在旋转度数处输入"360"，其旋转次数会自动显示"1"。

旋转方向：单击 ↺ 按钮为逆时针旋转；↻ 按钮为顺时针旋转。

图 1-253

更改颜色和最终颜色：若此变形需要更改颜色，只要勾选更改颜色，单击右侧的"最终颜色"选择颜色即可。若不需要，则取消勾选。

最终的 Alpha 值：此变形中补间动画的透明度变化，取值在 1%～100%，值越小越透明。值越大越清晰。

移动减慢：移动时速度的渐变效果，可以选择"开始时缓慢"或"结束时缓慢"，输入值范围为-100～100。

设置好后，可以点击"更新预览"按钮查看效果。效果满意后单击"确定"按钮，即完成设置，此时时间轴为图 1-254 所示。完成后可使用快捷键【Ctrl+Enter】测试预览最终效果。

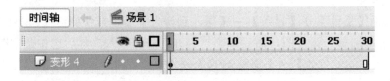

图 1-254

4. 转换

选择菜单栏【文件】→【导入】→【导入到舞台】命令或快捷键【Ctrl+R】，在弹出的"导入"对话框中选择一张位图，然后单击"打开"将其导入。然后选中此位图，选择菜单栏【插入】→【时间轴特效】→【变形/转换】→【转换】命令，弹出如图 1-255 所示的"变形"对话框。

效果持续时间：在此输入转换特效持续的帧数。

方向：设置"入""出"的方向，在右侧有上下左右按钮可供选择。

淡化："出""入"时勾选此项，可实现淡入淡出效果。

涂抹："出""入"时勾选此项，可实现逐渐出现和消失的效果。

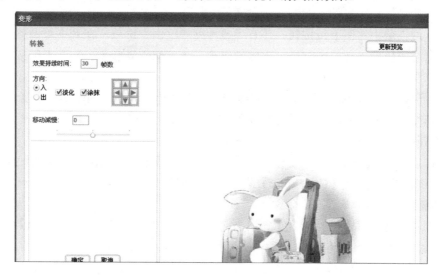

图 1-255

移动减慢：设置移动时速度渐变效果。

设置好后，可以点击"更新预览"按钮查看效果。效果满意后单击"确定"按钮，即完成设置，且可【Ctrl+Enter】测试预览最终效果。

5. 分散式直接复制

使用工具箱中的【文本工具】(T)，在舞台中输入"FLASH"，然后使用【选择工具】(V)将其选中，然后选择单击鼠标右键，在菜单栏选择【插入】→【时间轴特效】→【帮助】→【分散式直接复制】命令，此时弹出如图 1-256 所示的"分散式直接复制"对话框。

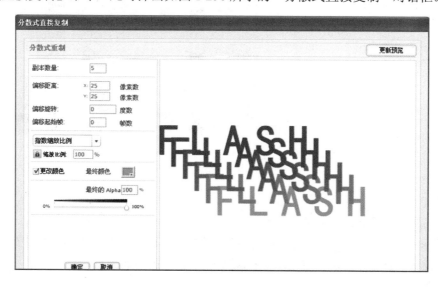

图 1-256

副本数量：在此输入要复制的数量。

偏移距离：设置复件之间 X、Y 轴之间的距离。

偏移旋转：设置复件之间的旋转角度。

偏移起始帧：设置复件之间的显示时间差。

缩放区域：单击右侧下拉按钮，还有"线性缩放比例"选项，在其下可调整复件大小。

如不需要等比例缩放，即可单击小锁按钮🔒，将其解锁🔓状态，在其右侧现实的 X、Y 轴缩放比率文本框中进行修改。

更改颜色和最终颜色：勾选此项，可改变复件的颜色，从原件到最后一个复件可以进行颜色的逐渐变化。取消勾选，则不进行变色。

最终 Alpha 值：用来设置动画补间渐变透明的效果。

设置好后，可以点击"更新预览"按钮查看效果。效果满意后单击"确定"按钮，即完成设置，且可使用快捷键【Ctrl+Enter】测试预览最终效果。

6. 复制到网格

选择菜单栏【文件】→【导入】→【导入到舞台】命令或快捷键【Ctrl+R】，在弹出的"导入"对话框中选择一张位图，然后单击"打开"将其导入。然后选中此位图，选择菜单栏【插入】→【时间轴特效】→【帮助】→【复制到网格】命令，弹出如图 1-257 所示的"复制到网格"对话框。

图 1-257

网格尺寸：设置其行和列的数值。

网格间距：设置其行和列的间距数值。

设置好后，可以点击"更新预览"按钮查看效果。效果满意后单击"确定"按钮，即完成设置，且可使用快捷键【Ctrl+Enter】测试预览最终效果。

7. 分离

选择菜单栏【文件】→【导入】→【导入到舞台】命令或快捷键【Ctrl+R】，在弹出的"导入"对话框中选择一张位图，然后单击"打开"将其导入。然后选中此位图，选择菜单栏【插入】→【时间轴特效】→【效果】→【分离】命令，弹出如图 1-258 所示的"分离"对话框。

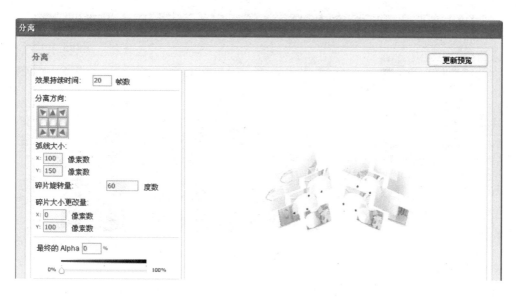

图 1-258

效果持续时间：设置此分离特效持续的帧数。

分离方向：可单击下侧的方向按钮设置其分离移动的方向。

弧线大小：设置 X、Y 轴方向的偏移量值。

碎片旋转量：设置分离产生的碎片旋转角度。

碎片大小更改量：用来设置碎片的大小，在其下方的 X、Y 轴上输入像素数即可。

最终的 Alpha 值：设置其动画补间渐变的效果。

设置好后，可以点击"更新预览"按钮查看效果。效果满意后单击"确定"按钮，即完成设置，且可使用快捷键【Ctrl+Enter】测试预览最终效果。

8. 展开和投影

选择菜单栏【文件】→【导入】→【导入到舞台】命令或快捷键【Ctrl+R】，在弹出的"导入"对话框中选择一张位图，然后单击"打开"将其导入。然后选中此位图，使用组合键【Ctrl+D】直接复制此图形，然后将其放置到合适位置，如图 1-259 所示。

图 1-259

利用工具箱中的【选择】工具将这两张图片全选，然后选择菜单栏【插入】→【时间轴特效】→【效果】→【展开】命令，弹出如图 1-260 所示的"展开"对话框。

图 1-260

效果持续时间：设置此展开特效持续的帧数。

类型选项组：此项由展开、压缩和两者皆是三个特效类型选项组成。

移动方向：可单击下侧的方向按钮设置其展开移动的方向。

组中心转换方式：设置 X、Y 轴方向的偏移量值。

碎片偏移：设置展开产生碎片的偏移量。

碎片大小更改量：用来设置碎片的大小，在其右侧的高度和宽度上输入数值即可。

设置好后，可以点击"更新预览"按钮查看效果。效果满意后单击"确定"按钮，即完成设置，且可使用快捷键【Ctrl+Enter】测试预览最终效果。

9. 部分投影

选择菜单栏【文件】→【导入】→【导入到舞台】命令或快捷键【Ctrl+R】，在弹出的"导入"对话框中选择一张位图，然后单击"打开"将其导入。然后选中此位图，选择菜单栏【插入】→【时间轴特效】→【效果】→【投影】命令，弹出如图 1-261 所示的"投影"对话框。

图 1-261

颜色：单击右侧的颜色按钮，在弹出的颜色库中可以选择投影的颜色。

Alpha 透明度：用来设置投影的透明度，输入数值或拖动其下方的滑块皆可。

阴影偏移：设置其投影在 X、Y 轴方向的偏移量。

设置好后，可以点击"更新预览"按钮查看效果。效果满意后单击"确定"按钮，即完成设置，且可使用快捷键【Ctrl+Enter】测试预览最终效果。

10. 模糊

选择菜单栏【文件】→【导入】→【导入到舞台】命令或快捷键【Ctrl+R】，在弹出的"导入"对话框中选择一张位图，然后单击"打开"将其导入。然后选中此位图，选择菜单栏【插入】→【时间轴特效】→【效果】→【模糊】命令，弹出如图 1-262 所示的"模糊"对话框。

图 1-262

效果持续时间：设置此展开特效持续的帧数。

分辨率：用于设置模糊时产生阴影的清晰度。值越大处理速度越慢，反之，值越小处理速度越快。

缩放比例：可设置阴影与源文件的比例大小。

允许水平模糊：勾选此项，可在水平方向产生模糊。

允许垂直模糊：勾选此项，可在垂直方向产生模糊。

移动方向：可单击下侧的方向按钮设置其模糊运动的方向。

设置好后，可以点击"更新预览"按钮查看效果。效果满意后单击"确定"按钮，即完成设置，且可使用快捷键【Ctrl+Enter】测试预览最终效果。

课后练习：练习时间轴特效的操作方法，并能够灵活运用。

1.6.4　"飞舞的蝴蝶"之运动引导动画

1. 图层属性设置

图层分为一般层、引导层/被引导层、遮罩层/被遮罩层及文件夹层，前面学过了"插入图层"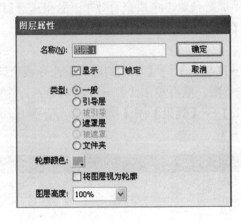、"添加运动引导层"及"插入图层文件夹"。若需要设置或转换图层的属性，可右击要转换或设置的图层，在弹出的下拉列表中选择"属性"，即可弹出"图层属性"对话框，如图 1-263 所示。

图 1-263

图层属性各选项功能如下：

名称：此项右侧的文本框用来显示图层的名称，双击便可进行重命名。

类型：在此选项组中选择图层的类型，"被引导"和"被遮罩"选项只能在建有"引导层"和"遮罩层"的基础上可以选择。

轮廓颜色：单击色块，在弹出的颜色库中可以选择该图层轮廓显示时的轮廓线颜色。

图层高度：在其下拉列表中可以设置时间轴面板上该图层的显示高度。

2. 运动引导层

引导层分为普通引导层和运动引导层。

普通引导层是在普通层的基础上建立的，可以将一个普通图层变为普通引导层，在普通层上单击鼠标右键，在弹出的下拉列表中选择"引导层"即可。在发布和预览时不会显示该层的内容，多用来放置分镜内容等。

运动引导层就是带有被引导层的图层,此层是一个新层,通常绘制一个对象运动的路径,可以使被引导层中的对象根据此路径进行运动。

● **飞舞的蝴蝶**

（1）首先选择菜单栏【文本】→【新建】命令或快捷键【Ctrl+N】新建一个空白 Flash 文档。

（2）双击图层 1 名称并命名为蝴蝶。

（3）使用工具箱中的【铅笔工具】（Y）绘制四只蝴蝶，如图 1-264 所示。

图 1-264

（4）将四只蝴蝶分别剪切到 4 个关键帧上，然后单击"编辑多个帧" 按钮，用"绘图纸外观"将四帧全部选中，使用快捷键【Ctrl+A】全选命令将全部图形选中。

（5）选择菜单栏【窗口】→【对齐】命令或快捷键【Ctrl+K】调出"对齐"面板。

（6）单击"对齐"面板中的"水平中齐" 按钮和"垂直中齐" 按钮。此时，图形效果如图 1-265 所示。

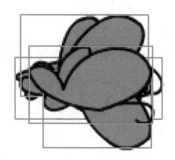

图 1-265

（7）再次单击"编辑多个帧" 按钮，将其取消。

（8）选择菜单栏【编辑】→【时间轴】→【选择所有帧】命令或快捷键【Ctrl+Alt+A】，选中全部帧。

（9）光标移至所选中的帧上，单击鼠标右键，在弹出的下拉列表中选择"剪切帧"，然后选择菜单栏【插入】→【新建元件】命令或快捷键【Ctrl+F8】，在弹出的"创建新元件"对话框中命名为"蝴蝶"，类型选择"图形"，单击"确定"按钮即可。

（10）在进入"蝴蝶"元件可编辑状态后，光标移至第一帧处，单击鼠标右键，在弹出的下拉列表中选择"粘贴帧"选项。

（11）单击"蝴蝶"元件名称旁边"场景 1"回到主场景。

（12）选择菜单栏【窗口】→【库】命令或快捷键【Ctrl+L】打开"库"面板。

（13）从"库"面板中拖出"蝴蝶"元件至舞台工作区。

（14）单击时间轴上的"添加运动引导层" 按钮，此时时间轴如图 1-266 所示。

图 1-266

（15）选择工具箱中的【铅笔工具】（Y），在"引导层"的舞台上绘制一条路径，如图 1-267 所示。

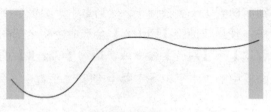

图 1-267

（16）绘制好路径后，使用【选择工具】（V），单击选中被引导层（图层 1），将蝴蝶元件拖动移至路径的起端并使"蝴蝶"元件的中心对准路径的起点处，如图 1-268 所示。

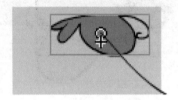

图 2-268

（17）光标移至时间轴的第 50 帧处，单击鼠标左键分别选中两层的帧并按下【F5】键插入帧。

（18）单击选中"被引导"层的第 50 帧，然后单击鼠标右键，在弹出的下拉选项中选择"转为关键帧"，此时时间轴如图 1-269 所示。

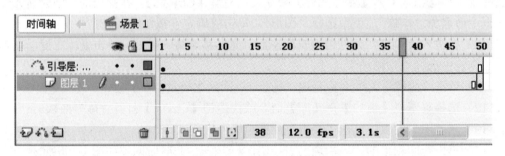

图 1-269

（19）单击"被引导"层，选中 1～49 帧的任意一帧，然后点开"属性"面板，在"补间"类型中选择"动画"选项。

（20）选择"动画"补间类型后，在弹出的选项中，勾选"调整到路径"选项（此选项可以使蝴蝶根据路径的变化而变化方向），如图 1-270 所示。

图 1-270

（21）完成以上步骤，即可使用快捷键【Ctrl+Enter】测试预览。

课后练习：练习运动引导层的动画，制作上面绘制的秋景中落叶的动画。除此之外可以熟练制作雪花飘落、各种抛物线运动引导动画的制作。

1.6.5　"探照灯""聚光灯"效果之遮罩动画

遮罩动画，就是有选择地显示内容，我们日常看到的效果，如百叶窗、放大镜、望远镜等效果都是通过遮罩来完成的。遮罩层只能有一个，而被遮罩层却可以有多个。

遮罩层，没有像引导层那样有单独的按钮来建立，遮罩层是由普通层转化的，要在需要转换的图层上单击鼠标右键，在弹出的下拉列表中，选择"遮罩层"即可，转化之后，层图标会成 状态，而它下面的一层将随之成为"被遮罩层" ，如需要建立更多的被遮罩层，只需将层拖拽至被引导层下面即可。遮罩层上的内容在发布或测试时是不可见的。

● 探照灯

（1）首先选择菜单栏【文本】→【新建】命令或快捷键【Ctrl+N】新建一个空白 Flash 文档。

（2）选择【修改】→【文档】命令，或快捷键【Ctrl+J】打开"属性设置"面板，在此面板中设置尺寸大小为 700×318，其他为默认。

（3）选择菜单栏【文件】→【导入】→【导入到库】命令，在弹出的对话框中选择图片，单击"打开"按钮，将其导入。

（4）选择菜单栏【窗口】→【库】命令或快捷键【Ctrl+L】打开"库"面板，选择刚刚导入的图片，将其拖拽至舞台，并利用"对齐"面板将其与舞台对齐。如图 1-271 所示。

图 1-271

（5）单击选中此图片，按下【F8】键，在弹出的"转换为元件"对话框中，将其命名为"背景"，类型选择"图形"，然后单击"确定"按钮将其转换为元件。

（6）单击此层时间轴处的第 25 帧，按下【F5】键，插入帧。

（7）单击选中舞台中"背景"元件，按下组合键【Ctrl+C】复制，打开属性面板，在颜色处选择"色调"，调整色调颜色为"黑色"，色彩数量为"50%"，如图 1-272 所示。

然后将该图层锁定。单击"插入图层" 按钮，在新建的图层上，按下【Ctrl+Shift+V】粘贴到当前位置"组合键，此时舞台上粘贴的应该是一个没有设置颜色的"背景"元件。

图 1-272

　　锁定此层，再次单击"插入图层" 按钮，在第三层上的舞台左侧，使用【椭圆工具】（O）绘制一个正圆，如图 1-273；单击第 25 帧，按下【F6】键插入一个关键帧，如图 1-274；然后选中舞台左侧的正圆，将其拖至舞台右侧，如图 1-275 所示。

图 1-273

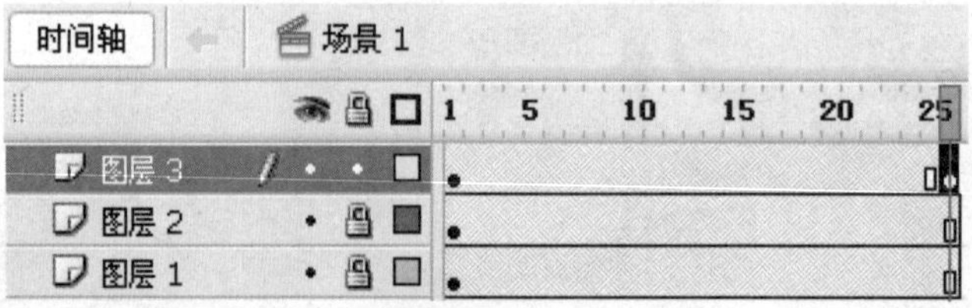

图 1-274

图 1-275

　　单击选中此层的第 1～24 帧任意一帧，打开属性面板，在补间类型处，选择"形状"，然后选中"图层 3"，单击鼠标右键，在弹出的下拉列表中选择"遮罩层"，此时时间轴状态如图 1-276 所示。

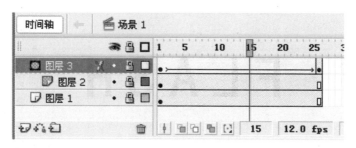

图 1-276

　　完成以上步骤，即可按下组合键【Ctrl+Enter】测试预览了，如图 1-277 所示。

图 1-277

● **聚光灯**

（1）选择菜单栏【文件】→【新建】命令或快捷键【Ctrl+N】新建一个空白 Flash 文档。

（2）选择【修改】→【文档】命令，或快捷键【Ctrl+J】打开"属性设置"面板，在此面板中设置尺寸大小为 450×200，其他为默认。

（3）单击工具箱中的【文本工具】（T），设置属性面板，字体为"黑体"、大小为"96"、加粗、字间距为"22"，其他为默认，如图 1-278 所示。

图 1-278

（4）在舞台单击输入"FLASH"字母，并使用【选择工具】（V）将其选中，【Ctrl+K】调出"对齐"面板，点选"相对于舞台"按钮，然后单击"水平居中"和"垂直居中"按钮，使文字在舞台中间，如图 1-279 所示。

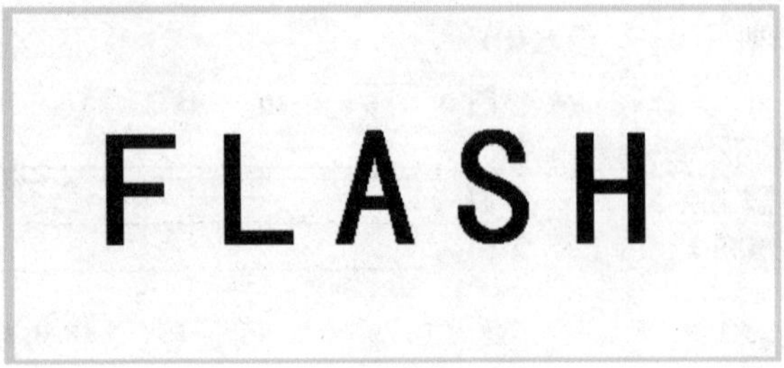

FLASH

图 1-279

（5）将此字母图层锁定，然后单击"插入图层" 按钮，将新建的图层拖至最底层，然后选择【文件】→【导入】→【导入到库】，在弹出的对话框中选择一张图片，然后单击"确定"按钮，将其导入。

（6）使用组合键【Ctrl+L】调出"库"面板，在库中将图片拖拽至舞台，如图 1-280。

图 1-280

（7）将此图片选中，按【F8】键，在调出的"转换为元件"对话框中，设置名称为"背景"，类型选择"图形"，然后单击"确定"按钮即可。

（8）单击选中"图层 1"的第 50 帧，按【F5】插入帧；然后选中"图层 2"的第 50 帧，按【F6】键插入一个关键帧。如图 1-281 所示。

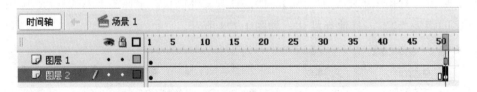

图 1-281

（9）此时选中舞台中的图片，将其向左拖动，如图 1-282。

图 1-282

（10）选中时间轴中"图层 2"上第 1～49 帧中的任意一帧，然后打开"属性面板"在补间类型中选择"动画"。

（11）单击选中"图层 1"，然后点击鼠标右键，在弹出的下拉列表中选择"遮罩层"，此时时间轴状态如图 1-283 所示。

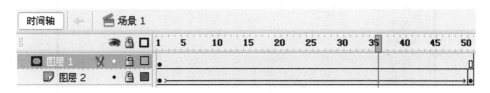

图 1-283

（12）完成以上步骤，即可使用快捷键【Ctrl+Enter】测试预览了，如图 1-284 所示。

图 1-284

课后练习：了解遮罩动画的制作原理，并加强练习。

1.7　"回声"制作之声音篇

声音是 Flash 中的重要组成部分，是使动画出彩的部分，有了声音会使动画作品更加具有吸引力。Flash 8.0 中支持多种格式的声音文件，其可以设定播放哪个声音、设置单次播放或连续播放等。

1.7.1　声音导入

选择菜单栏【文件】→【导入到库中】命令，在弹出的对话框中，选择需要导入的声音文件，如图 1-285 所示。单击"打开"按钮后，有时因为文件比较大，会出现"正在处理"对话框，如图 1-286。导入后，选择菜单栏【窗口】→【库】命令或快捷键【Ctrl+L】，调出"库"面板，在"库"里面，可以看到声音已经导入了此声音文件，图标为 🔊，图标后面是该文件的名称，如图 1-287 所示。

图 1-285

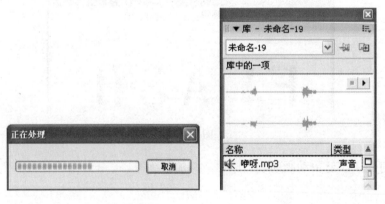

图 1-286　　　　　　　　　　　图 1-287

声音只能添加到关键帧和空白关键帧上，根据上面操作将声音导入到库之后，要添加到关键帧上，首先单击选择时间轴上的空白关键帧，在"库"中找到我们导入的声音，将其拖拽至舞台中，此时空白帧上显示声音的波形状，如图 1-288 所示。在此帧后面按下【F5】键添加帧，即可显示更多，如图 1-289。

图 1-288

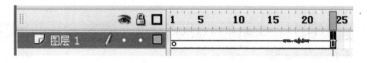

图 1-289

1.7.2　声音属性设置

将声音导入到时间轴后，选定任何带有声音的一帧，打开"属性"面板，即可设置声音的属性，如图 1-290 所示。

图 1-290

声音属性设置各项功能如下：

声音：点击声音右侧的下拉按钮，可以更换不同名称的声音，选定后，该名称会显示在这里，选择"无"则会去掉声音。

效果：单击效果后面的下拉按钮，可以看到无、左声道、右声道、从左到右淡出、从右到左淡出、淡入、淡出和自动定义 8 个选项，如图 1-291。

图 1-291

无：没有效果。

左声道：只有左声道有声音。

右声道：只有右声道有声音。

从左到右淡出：左声道声音从开始原始音量到后来慢慢变小至消失，而右声道从没有声音到后来慢慢到此声音的原始音量。

从右到左淡出：效果与从左到右淡出效果相反。

淡入：从没有声音到逐渐增强。

淡出：从有声音慢慢减弱至无。

自定义：选择此项会弹出"编辑封套"对话框。

编辑…（编辑封套）：同上面的"自定义"选项，单击此按钮可弹出"编辑封套"对话框，如图 1-292。

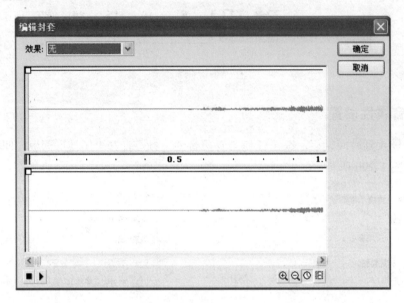

图 1-292

单击此对话框中"效果"右侧的下拉按钮可以选择同"属性"面板中"效果"处的选项，如图 1-293。

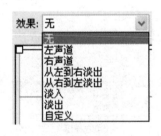

图 1-293

"编辑封套"对话框中出现上下两个声音通道：上部分为左声道的声音效果，下部分为右声道的声音效果。中间为时间轴。

"编辑封套"对话框中的滑条，可以拖动滑块查看波音线。

"编辑封套"对话框中下方的 ▶ 按钮为"播放按钮"，单击此按钮可听到该声音，若再次单击此按钮，第一遍不会停止的情况下再次从头播放此声音，若想停止要单击前面的"停止按钮" ■，将其停止。

单击"编辑封套"对话框中右下方的"放大镜"按钮 <img>，将放大时间轴和波线，相反按下旁边的"缩小" <img> 按钮则会将时间轴和波线缩小。

⏲（秒），单击此按钮，时间轴将以秒的方式呈现。

▥（帧），单击此按钮，时间轴将以帧的方式呈现，使用秒还是帧，这两种可根据自己的爱好进行切换。

此对话框中的时间轴起始端有声音的"起点游标▮▮"和时间轴末端的"终点游标"▮▮，可按住并拖动游标，来改变音频的起点和终点，如图 1-294 所示。

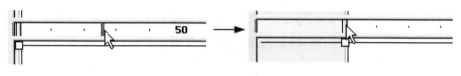

图 1-294

左/右声道上带有小方格的折线为音量包格线，线上各点的高度代表播放该点所处位置声音的音量，点击线，便可插入包格线，拖动包格便可调节音量，如图 1-295。包格越低声音越小，包格越高音量越大；若要删除多余的包格，按下鼠标左键将其拖出时间轴以外便可删除。

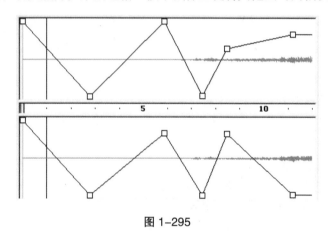

图 1-295

同步：单击右侧的下拉按钮，有事件、开始、停止和数据流 4 种选项，如图 1-296 所示。

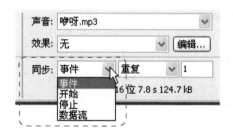

图 1-296

事件：选择此项，事件声音将在其开始的关键帧显示时开始播放，并且独立于时间轴，并不会因为影片的停止而停止。

开始：和事件相似，但不同的是，如果声音已经在播放，则不会开始新的声音。

停止：停止播放指定的声音。

数据流：在文件内播放文件时，使声音和动画保持同步。在 Flash 中调整动画速度时，可与动画内容同步进行，是常用的同步选项。

声音循环：单击同步后面第二个下拉框中有重复和循环选项，如图 1-297 所示。

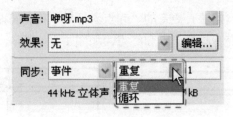

图 1-297

重复：选择此项后，在其右侧的文本框中可以设置此关键帧上的声音需要重复的次数，如图 1-298（1）。

循环：选择此项后，此关键帧上的声音将会循环播放，如图 1-298（2）。

图 1-298（1）   图 1-298（2）

● "回声"音效

（1）首先选择菜单栏【文本】→【新建】命令或快捷键 Ctrl+N 新建一个空白 Flash 文档。

（2）选择【文件】→【导入】→【导入到库】命令，在弹出的"导入到库"对话框中选择需要制作回声的音效。

（3）使用快捷键【Ctrl+L】调出"库"面板，在此面板中将刚刚导入的音效拖拽至舞台。

（4）单击选中声音所在的关键帧，然后打开属性面板。

（5）单击属性里的"编辑封套" 编辑... 按钮，在弹出的编辑框中，拖动"起点游标"和"终点游标"设置需要的那段声音，如图 1-299 所示。

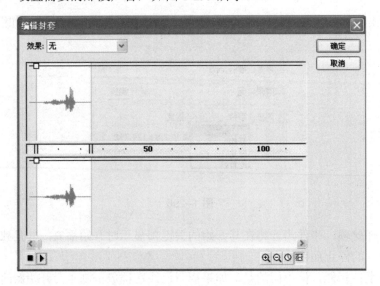

图 1-299

点击效果右侧的下拉按钮选择"淡出",并进行调节包格,如图 1-300 所示。

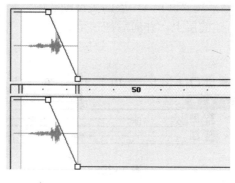

图 1-300

单击"确定"按钮,回到主场景,在有此声音的关键帧后面按住【F5】键添加帧直至此声音全部现出,如图 1-301 所示。

图 1-301

锁定此层,单击"插入图层" 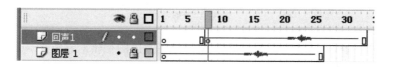 按钮,新建一个图层,双击命名为"回声 1",然后将有声音层的关键帧选中,配合【Alt】键并按下鼠标左键将此关键帧拖动复制到"回声 1"层上,并向后拖拽至第 8 帧,如图 1-302 所示。

图 1-302

打开"属性"面板,单击"编辑封套"按钮,在弹出的编辑对话框中调整包格使音量整体缩小,如图 1-303 和图 1-304 所示。

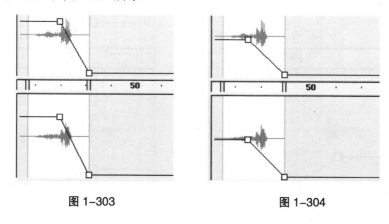

图 1-303   图 1-304

　　调整好后，单击"确定"按钮，回到主场景，锁定"回声 1"图层，单击"插入图层"
按钮，新建一个图层，然后将"回声 1"层的关键帧选中，配合【Alt】键并按下鼠标左
键将此关键帧拖动复制到新建的层上，并向后拖拽至第 16 帧，双击更改名称为"回声 2"，
如图 1-305 所示。

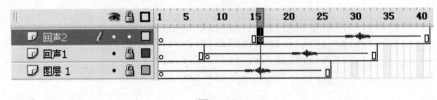

图 1-305

　　打开"属性"面板，单击"编辑封套"按钮，在弹出的编辑对话框中调整包格使音量整
体再次缩小，如图 1-299。

　　调整好后，单击"确定"按钮，回到主场景，锁定"回声 2"图层，单击"插入图层"
按钮，新建一个图层，然后将"回声 2"图层的关键帧选中，配合【Alt】键并按下鼠标
左键将此关键帧拖动复制到新建的层上，并向后拖拽至第 24 帧，双击更改名称为"回声 3"，
如图 1-306 所示。

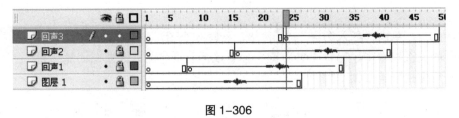

图 1-306

　　打开"属性"面板，单击"编辑封套"按钮，在弹出的编辑对话框中调整包格使音量整
体再次缩小，如图 1-307。

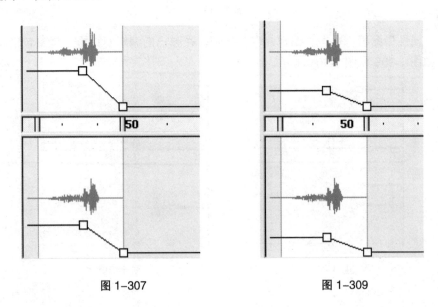

图 1-307　　　　　　　　　　　　　　图 1-309

调整好后，单击"确定"按钮，回到主场景，锁定"回声 3"图层，单击"插入图层"
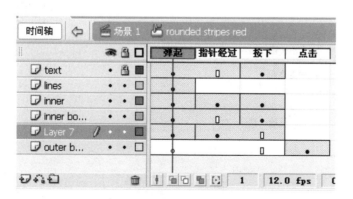按钮，新建一个图层，然后将"回声 3"层的关键帧选中，配合【Alt】键并按下鼠标左
键将此关键帧拖动复制到新建的层上，并向后拖拽至第 32 帧，双击更改名称为"回声 4"，
如图 1-308。

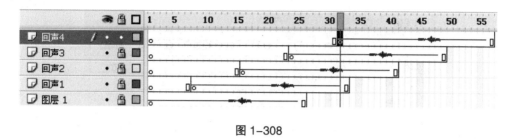

图 1-308

打开"属性"面板，单击"编辑封套"按钮，在弹出的编辑对话框中调整包格使音量整
体再次缩小，如图 1-309。

完成以上步骤，鼠标单击第 1 帧，按下【Enter】键即可听到回声音效效果。

课后练习：能够在 Flash 软件中编辑声音，制作需要的特效。

1.7.3　为按钮添加声音

将声音导入到库中，然后拖动至舞台，就可以为动画添加声音了，除此之外在按钮上添
加声音也是经常用到的。

● **为按钮添加音效**

（1）首先选择【文件】→【导入】→【导入到库】，在弹出的对话框中，选择需要滑过
时和点击时的声音文件，单击"打开"按钮，将其导入。

（2）然后选择菜单栏【窗口】→【共用库】→【按钮】命令，在弹出的按钮共用库中选
择任意一个按钮，将其拖拽至舞台；然后双击此按钮，进入该按钮的可编辑状态，如图 1-310
所示。

图 1-310

（3）单击"插入图层"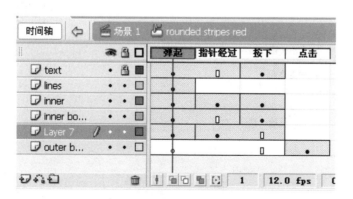按钮，双击名称处更改名字为"声音"，并将其拖拽至最顶层。

（4）单击"声音"层的第 2 帧（指针经过），按下【F6】，然后打开"属性"面板，单击

"声音"右侧的下拉按钮，选择滑过的时候需要的声音文件，"同步"右侧选择"事件"。

（5）单击"声音"层的第 3 帧（按下），按下【F6】，然后打开"属性"面板，单击"声音"右侧的下列按钮，选择按下鼠标时需要的声音文件，"同步"右侧选择"事件"。

（6）此时时间轴如图 1-311 所示。

图 1-311

（7）单击 ⇦ 按钮或双击舞台空白处，回到主场景，使用组合键【Ctrl+Enter】发布测试，可预览效果。

课后练习：练习在按钮中添加音效。

1.7.4　声音的压缩与输出

将声音导入到"库"中，双击"库"中声音元件的图标 🔊，打开"声音属性"对话框，如图 1-312 所示。

图 1-312

在"声音属性"对话框中可以看到，上面部分文字内容为该声音的详细资料；单击在下面"压缩"右侧的下拉列表按钮，可以看到有默认、ADPCM、MP3、原始和语音 5 种音乐压缩模式可供选择，如图 1-313。

图 1-313

默认：选择此项，发布影片时，Flash 将自动压缩一些参数。

ADPCM：用来压缩 8 位或 16 位的声音数据。选择此项后，会出现如图 1-314 所示的设置。

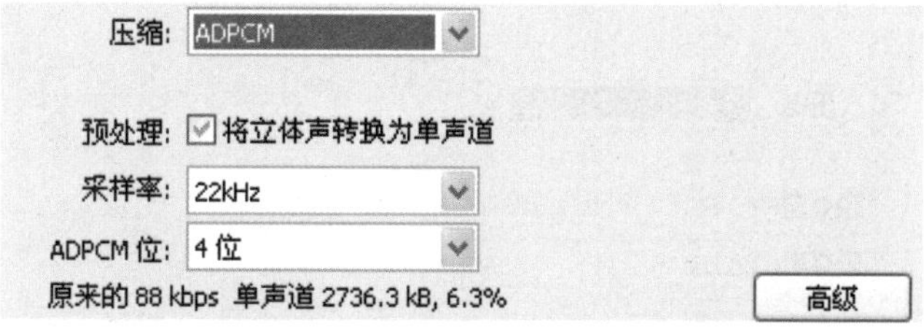

图 1-314

预处理：勾选"将立体声转为单声道"的复选框后，立体声将变为单声道。

采样率：用来设置声音的质量和文件的大小。

ADPCM 位：确定在 ADPCM 编码中使用的位数，取值范围在 2～5 位，压缩值越低，声音文件越小，音效越差，反之，压缩值越高，声音文件越大，音效也越好。

MP3：当声音比较长时，最好选择 MP3 选项，选择此项后出现如图 1-315 所示的设置。

图 1-315

比特率：在其右侧的下拉列表中可以选择声音文件中每秒播放的位数，取值范围在 8～160 kbps。取值越小，文件越小，声音质量也越差；反之，取值越大，文件越大，声音质量也越好。一般都根据声音本身质量的好坏来取值。

品质：在其右侧的下拉列表中可以设置压缩速度和声音品质，"快速"将快速压缩声音，但得到的声音品质较低；"中"压缩声音速度较慢，质量较好；"最佳"压缩速度最慢，同时，得到的声音质量也越好。

原始：选择此项，输出的声音将不会被压缩。选择此项后，只出现"预处理"和"采样率"的设置，如图 1-316 所示。

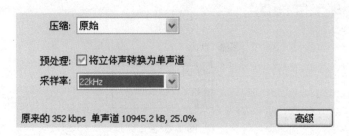

图 1-316

语音：此选项只对讲话的声音进行压缩方式。选择此项后，同上只出现"预处理"和"采样率"的设置，如图 1-317 所示。

图 1-317

1.8　"电视机"之视频篇

在 Flash 中可以导入视频，使动画内容更酷，根据视频格式的不同其导入方法也不同。

1.8.1　可导入的视频文件格式

Flash CS6 支持的视频类型会因电脑所装软件的不同而不同，比如系统中安装了 QuickTime（6）5 或更高版本，Flash CS6 可支持的格式有：AVI、DV、MPG/MPEG、MOV。

AVI（Audio Video InterLeaved）：音频视频交叉文件，后缀为.avi。

DV（Digital Video）：数字视频文件，后缀为.dv。

MPG/MPEG（Motion Picture Experts Group）：运动图像专家组，后缀为.mpg、.mpeg。

MOV：QuickTime 影片，后缀为.mov。

如果系统中安装了 DirectX9 或更高版本，则导入嵌入式视频时支持的视频格式有 AVI、MPG/MPEG、WMF/ASF。

AVI（Audio Video InterLeaved）：音频视频交叉文件，后缀为.avi。

MPG/MPEG（Motion Picture Experts Group）：运动图像专家组，后缀为.mpg、.mpeg。

WMF/ASF：Windows 媒体文件，后缀为.wmf、.asf。

　　Flash CS6 对外部 FLV（Flash 专用视频格式）的支持，可以直接播放本地硬盘或 Web 服务器上后缀为.Flv 的文件。这样可以在有限的内存里播放很长的视频文件，且不需要从服务器下载完整的文件。如果导入的视频文件不是系统所支持的格式，那么 Flash 会显示一条警告消息，则无法完成该操作，而在有些情况下，Flash 可能只能导入文件中的视频，而无法导入音频，此时也会显示警告消息，表示无法导入该文件音频部分，但仍可以导入视频，只是没有声音。

　　如果系统中安装了其他视频编码器/解码器，则能支持导入更多的格式类型的视频文件。

1.8.2　"电视机"之导入视频

● **制作"电视机"效果**

（1）首先启动 Flash 软件，选择菜单栏【文件】→【导入】→【导入视频】命令，此时会弹出"导入视频"对话框，如图 1-318。

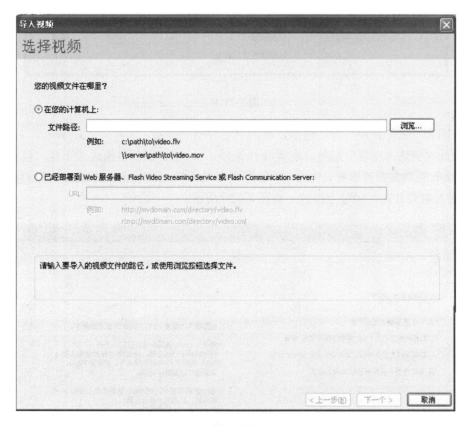

图 1-318

（2）此对话框为选择需要导入的视频文件所在地，默认情况下是选择"本地计算机上"。下面选项是在网络的某个地址上。

（3）在此默认不必修改，单击"浏览" 浏览... 按钮，然后在弹出的"打开"对话框中选择需要导入的视频（若找不到，要检查选择导入的视频类型是否正确）。

（4）在此选择的是.Flv 格式的视频，如图 1-319。选择好后单击"打开"按钮。

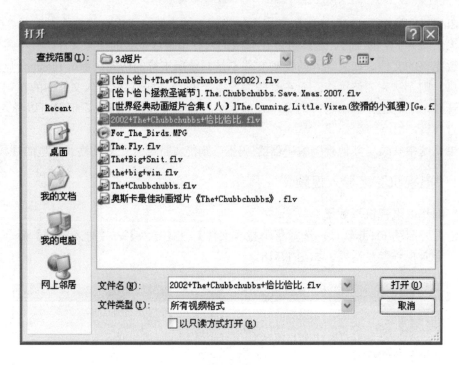

图 1-319

（5）回到"选择视频"对话框中，单击"下一个"按钮。

（6）此时到达"部署"部分，出现 4 个选项：从 Web 服务器渐进式下载，以数据流的方式从 Flash 视频数据流服务、传输，以数据流方式从 Flash Communication Server 传输，在 SWF 中嵌入视频并在时间轴上播放，如图 1-320 所示。

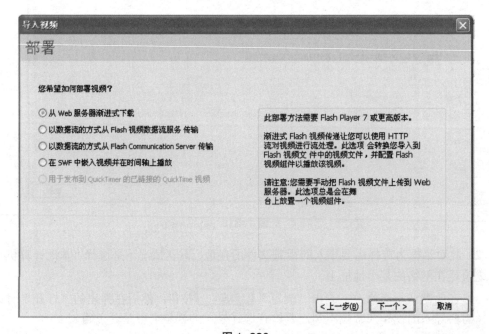

图 1-320

（7）在此选择第 4 项：在 SWF 中嵌入视频并在时间轴上播放。单击"下一个"按钮，进入"嵌入"部分，在此可以设置相关内容，如图 1-321 所示。

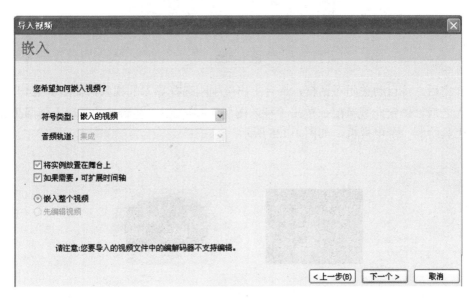

图 1-321

（8）单击此部分中的"符号类型"右侧的下拉按钮，有嵌入视频、影片剪辑和图形三个选项，在此选择"影片剪辑"选项，其他不动，然后单击"下一个"按钮，进入"完成视频导入"部分，如图 1-322 所示。

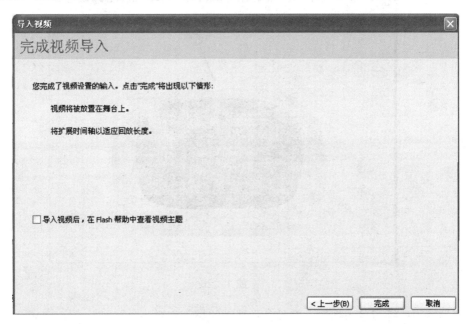

图 1-322

（9）单击"完成"按钮，便进入视频导入"处理"状态，如图 1-323 所示。

图 1-323

处理完后，将自动关闭对话框，舞台上出现刚刚选择导入的视频，如图 1-324 所示。

导入之后，锁定此视频层，单击"插入图层"  按钮，在新建的图层上使用工具箱中的各种工具绘制一个电视机，如图 1-325 所示。

图 1-324 　　　　　　　　图 1-325

绘制好后，使用【任意变形工具】（Q）选中电视机和视频，调整其大小和位置等。

调整好后，使用快捷键【Ctrl+Enter】测试影片，即可看到效果，如图 1-326 所示。

图 1-326

课后练习：练习导入视频，熟悉各种视频的导入方式。

1.8.3　视频处理

导入视频后，单击"属性面板"可以看到其属性，如图 1-327 所示。

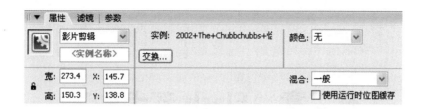

图 1-327

单击"实例行为"处的下拉按钮可以更改影片属性为图形。

单击"交换…"按钮，在弹出的对话框中，可以交换其他元件。

在颜色处可以设置其视频的颜色。

混合处可以选择给视频的混合模式。

选择菜单栏【窗口】→【库】命令或快捷键【Ctrl+L】，调出库面板。此时可以看到，库里面有两个元件，一个是电影元件，随时可以在场景中调用；还有一个是视频源文件，这个不需要用，但也不能删除，删除以后电影元件就不能用了。

第 2 章　Flash 贺卡制作

学习目标

✧　掌握贺卡制作的流程。

课前准备

准备上一章节制作的"招财童子"文件，准备"贺新年"音乐文件。

2.1　贺卡文档设置

本节主要为动画文件属性的基本设置内容，是所有动画内容进行前必须要注意的一项，如果跳过此步，等动画完成以后，再来修改此项，有时会带来很多麻烦。

（1）运行 Flash CS6 软件，选择菜单栏【文件】→【新建】命令或快捷键【Ctrl+N】，在弹出的"新建文档"对话框中选择"Flash 文档"，单击"确定"按钮新建一个空白文档。

（2）选择菜单栏【修改】→【文档】命令或快捷键【Ctrl+J】，在弹出的"文档属性"对话框中设置此贺卡的属性，在此选择默认，如图 2-1 所示。

（3）在舞台空白处，单击鼠标右键在弹出的快捷菜单中选择标尺。

（4）在标尺处，按下鼠标并拖出辅助线至舞台边缘，如图 2-2 所示。

图 2-1

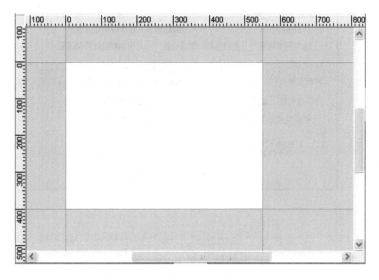

图 2-2

（5）选择菜单栏【视图】→【辅助线】→【锁定辅助线】命令将辅助线锁定，避免在以后的制作当中不小心将其改动。

（6）选择菜单栏【文件】→【保存】命令或快捷键【Ctrl+S】，在弹出的"另存为"对话框中，选择存储位置，更改名称为"Flash 贺卡"，然后单击"保存"按钮即可。

2.2　贺卡所需素材准备与绘制

本节主要为动画制作之前的准备阶段，就是将所需的素材大概归置于舞台上。

（1）选择菜单栏【文件】→【导入】→【导入到库】命令，找到"贺新年"音乐文件所在的位置，并将其选择，单击"打开"按钮将其导入。如果出现如图 2-3 所示的无法导入提示框时，说明该文件不被 Flash 软件所支持，那么我们需要将其转换格式。

图 2-3

（2）播放软件可以方便快速地转换我们想要导入的格式：首先将此音乐文件使用播放，然后选择该文件 "转换格式"，此时会弹出 "转换格式" 对话框，如图 2-4 所示。

图 2-4

（3）在 "转换格式" 对话框中 "编码格式" 的 "输出格式" 中选择 "Wave 文件输出"；在 "选项" 处的 "目标文件夹" 处选择转换格式后，确定文件放置的位置，然后单击 "立即转换" 按钮，如图 2-5 所示的转换后，在 "目标文件夹" 选择的位置处会出现转换后的格式。

（4）回到 Flash 软件的 "Flash 贺卡" 源文件中，将刚刚转换的音乐文件导入，此时文件将顺利导入。

（5）导入后，选择【窗口】→【库】命令或快捷键【Ctrl+L】将 "库" 面板打开，选择库中的 "贺新年" 音乐文件，将其拖拽至舞台，此时声音文件将显示在图层 1 的帧上，双击此图层名称处，双击并更改为 "声音"，如图 2-6。单击选中此层第一帧，然后选择属性，在 "同步处" 选择 "数据流"。

（6）锁定 "声音层"，单击 "插入图层" 按钮新建一个图层，双击图层名称，将其命名为 "元件层"。

（7）单击 "元件层" 第一帧，选择【文件】→【导入】→【导入到库】，在弹出的对话框中选择 "红背景" 图片素材，点击 "打开" 按钮将其导入。

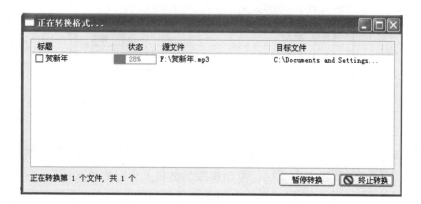

图 2-5

图 2-6

（8）【Ctrl+L】调出"库"面板，选择"红背景"图片，将其拖动至舞台。

（9）【Ctrl+K】调出"对齐"面板，点下"相对于舞台按钮"，然后选择"水平中齐"品
和"垂直中齐"按钮，将此图片调整至舞台中间，如图 2-7 所示。

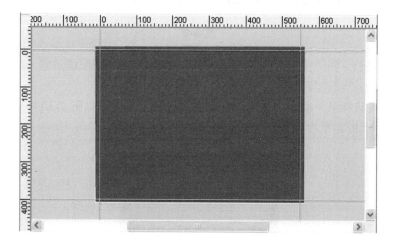

图 2-7

（10）单击选中图片，按下【F8】键，在弹出的"转换为元件"对话框中，设置名称为
"镜头 1"，类型为"图形"，注册点为中间点，如图 2-8 所示。然后单击"确定"按钮将其转
换为图形元件。

图 2-8

（11）双击图片进入该元件编辑状态，双击图层 1 更改名称为"背景"，将此层锁定，单击"插入图层" 🔁按钮新建一个图层，双击图层名称将其更改为"文字"。

（12）在"文字"层上，使用工具箱中的各种工具制做如图 2-9 所示的图案。绘制完后将其放置合适位置。

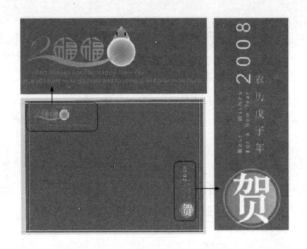

图 2-9

（13）绘制完后，将"文字"层锁定，单击"插入图层" 🔁按钮新建一个图层，双击图层名称将其更改为"浪花背景"。

（14）在"浪花背景"层上，使用工具箱中的各种工具制做如图 2-10 所示的图案。绘制完后并配合对齐面板将其放置到舞台中心位置。

图 2-10

（15）绘制完后，将"浪花背景"层锁定，单击"插入图层" ![按钮]按钮新建一个图层，双击图层名称将其更改为"星点"。

（16）在"星点"层上，使用工具箱中的【刷子工具】（B）制做如图 2-11 所示大小不一的白点。

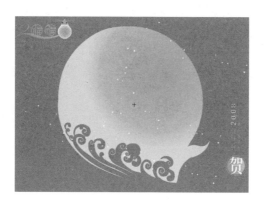

图 2-11

（17）绘制完后，将"星点"层锁定，单击"插入图层" ![按钮]按钮新建一个图层，双击图层名称将其更改为"小老鼠"。

（18）在"小老鼠"层上，使用工具箱中的各种工具制做如图 2-12 所示的图案。绘制完后并将其放置在"浪花背景"的重点位置。

图 2-12

（19）绘制完后，单击时间轴上的"编辑场景" ![按钮]按钮，选择"场景 1"回到主场景。

（20）在主场景中"声音"层时间轴上第 500 帧处按下【F5】键插入帧；在"元件层"上的第 125 帧处按下【F7】键插入一个空白关键帧。

（21）选择【文件】→【导入】→【导入到库】，在弹出的对话框中选择"福背景"图片素材，点击"打开"按钮将其导入。

（22）【Ctrl+L】调出"库"面板，选择"福背景"图片，将其拖动至舞台。

（23）【Ctrl+K】调出"对齐"面板，点下"相对于舞台按钮"，然后选择"水平中齐" ![图标]和"垂直中齐" ![图标]按钮，将此图片调整至舞台中间，如图 2-13 所示。

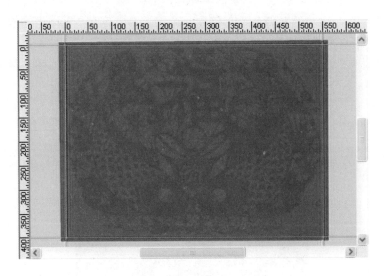

图 2-13

（24）单击选中图片，按下【F8】键，在弹出的"转换为元件"对话框中，设置名称为"镜头 2"，类型为"图形"，注册点为中间点，如图 2-14 所示。然后单击"确定"按钮将其转换为图形元件。

图 2-14

（25）双击图片进入该元件编辑状态，双击图层 1 更改名称为"背景"，将此层锁定，单击"插入图层" 按钮新建一个图层，双击图层名称将其更改为"花边"。

（26）在"花边"层上，使用工具箱中的各种工具绘制如图 2-15 所示的花边。并配合"对齐"面板将其置于舞台中间。

图 2-15

（27）绘制完后，将"花边"层锁定，单击"插入图层"  按钮新建一个图层，双击图层名称将其更改为"文字"。

（28）在"文字"层上的第一帧，使用工具箱中的【文本工具】打出各式各样的"财"字，如图 2-16 所示。

图 2-16

（29）在"文字"层上的第二帧，按下【F6】键插入关键帧，并更改"财"字为各式各样的"福"字，如图 2-17 所示。

图 2-17

（30）在"文字"层上的第三帧，按下【F6】键插入关键帧，并更改"福"字为各式各样的"寿"字，如图 2-18 所示。

图 2-18

（31）绘制完后，将"文字"层锁定并隐藏，单击"插入图层" 按钮新建一个图层，双击图层名称将其更改为"灯笼"。

（32）在"灯笼"层上，使用工具箱中的各种工具制做如图 2-19 所示的灯笼。绘制完后并将其调整至适当位置。

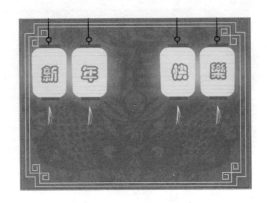

图 2-19

（33）制作完成后，将"灯笼"层锁定，单击"插入图层" 按钮新建一个图层，双击图层名称将其更改为"招财童子—女"。

（34）选择菜单栏【文件】→【打开】命令或快捷键【Ctrl+O】，在弹出的对话框中，选择上一章保存的招财童子文件，将其文件打开，选中图形，使用组合键【Ctrl+C】进行复制，然后回到"Flash 贺卡"文件中的"招财童子—女"图层，使用【Ctrl+V】复制命令，将图形调整至如图 2-20 所示位置。

图 2-20

（35）制作完成后，将"招财童子—女"层锁定，单击两次"插入图层" 按钮新建两个图层，双击图层名称将其更改为"招财童子—男"和"招财童子—大"。

（36）选择菜单栏【文件】→【打开】命令或快捷键【Ctrl+O】，在弹出的对话框中，选择上一章课后练习中要求绘制的其他两组招财童子文件，将其打开，选中图形，分别使用组合键【Ctrl+C】进行复制，然后回到"Flash 贺卡"文件，分别复制调整到对应的图层上，绘制完后并将其调整至适当位置，如图 2-21 所示。

图 2-21

（37）制作完成后，将"招财童子"的各层锁定并隐藏，单击"插入图层" 按钮新建一个图层，双击图层名称将其更改为"元宝"。

（38）在"元宝"层上，使用工具箱中的各种工具制做如图 2-22 所示的元宝。

图 2-22

（39）绘制完后，将"元宝"层锁定并隐藏，单击时间轴上的"编辑场景" 按钮，选择"场景 1"回到主场景。

（40）使用组合键【Ctrl+S】将文件进行保存。

注：在制作的过程中，应该经常进行保存，以减少因意外情况而导致没有及时保存而造成的损失。

2.3　贺卡动画制作

本节主要为动画的制作内容，就是将前面所有的素材根据需要完成动画效果。

（1）双击"元件层"上第 1 帧的"镜头 1"元件，进入其编辑状态。

（2）选择"小老鼠"层，选中该层上的图形，按下【F8】键，在弹出的"转换为元件"对话框中，名称设为"小老鼠"，类型选择"图形"，注册点为中心。单击"确定"按钮将其转换为元件。

（3）双击"小老鼠"元件，进入该元件的编辑状态。

（4）将小老鼠各个部位分别按下【F8】键，将其转换为元件，如图 2-23 所示。

（5）单击鼠标右键，在弹出的快捷菜单中选择"分散到图层"选项，此时图层效果如图 2-24 所示。

图 2-23   图 2-24

（6）选择所有图层的第 4 帧，按下【F6】键插入关键帧，再选择所有图层的第 7 帧，按下【F6】键插入关键帧。

（7）然后回到第 4 帧，将各个图形分别用【任意变形工具】（Q）调整为相反位置，如图 2-25（"胡子"和"黄背景"层除外）。

（8）选择胡子层的第 1 帧，使用组合键【Ctrl+B】分离命令，将其打散；选择第 4 帧，再次使用组合键【Ctrl+B】分离命令，选择第 7 帧，再次使用组合键【Ctrl+B】分离命令。

（9）回到胡子层的第 4 帧，调整胡子如图 2-26 所示。然后选择第 1～3 帧和第 4～6 帧的任意一两帧，单击属性面板，在"补间"处选择"形状"。

 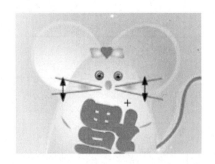

图 2-25   图 2-26

（10）选择其他层（除"黄背景层"），分别给予"动画"补间，如图 2-27 所示。

（11）选择"黄背景"层，将元件使用组合键【Ctrl+B】进行分离，然后逐帧根据尾巴的变动进行黄色背景的调节。

图 2-27

（12）调整完毕，单击"镜头 1"元件名称，返回其元件编辑状态。

（13）为"镜头 1"元件中的所有图层插入帧至 125 帧。

（14）选择"小老鼠"层，单击选择该层的第 35 帧按下【F6】键插入关键帧，然后单击第 1 帧，使用组合键【Ctrl+Alt+S】，在弹出的"缩放和旋转"对话框中的"缩放"处填入"60"，如图 2-28 所示，然后单击"确定"按钮。

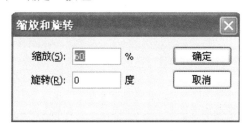

图 2-28

（15）单击第 1 帧上的"小老鼠"元件，然后打开"属性"面板，在"颜色"处选择 Alpha，设置数值为"0%"。

（16）单击"小老鼠层"上第 1～34 帧的任意一帧，在其"属性"面板的"补间"处选择"动画"。

（17）锁定"小老鼠"层，单击"星点"层，将其解锁，按下【F8】键，在弹出的"转换为元件"对话框中，输入元件名称"星点"，选择类型为"图形"，注册点为中间，单击"确定"按钮即可将其转换为元件。

（18）双击星点元件，进入其编辑状态，选择第 5 帧按下【F6】键插入关键帧，然后单击颜色区的"填充色"，在弹出的颜色库中，设置 Alpha 值为 0，然后单击选中第 1 帧配合【Alt】键，将第 1 帧拖拽复制到第 9 帧，然后在第 1～4 帧和第 5～8 帧中选择任意两帧，点开属性面板，在"补间"处选择"形状"。此时时间轴如图 2-29 所示。

图 2-29

(19) 单击"场景 1"名称,返回主场景。

(20) 鼠标拖至第 126 帧处,双击"镜头 2"元件,进入编辑状态。

(21) 单击"插入图层" 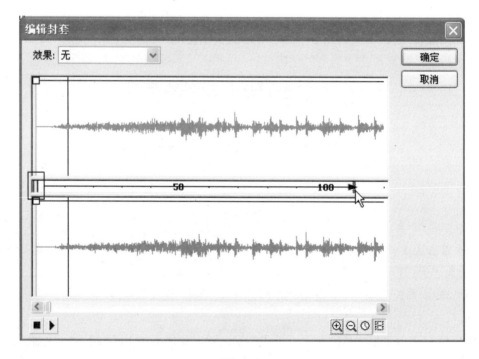按钮,插入一个新的图层。然后单击此层第 1 帧,打开"属性"面板,在"声音"处选择"贺新年"声音。然后单击"编辑..." 编辑... 按钮,在弹出的"编辑封套"对话框中,3 次单击放大中的"缩小" 按钮,然后拖动此时间轴上的"起点游标" 至第 125 帧处,如图 2-30。

图 2-30

(22) 裁取声音完毕,单击"确定"按钮,回到"镜头 2"元件。此时"镜头 2"元件里的声音已经被处理过,与主场景中的声音基本相同。

(23) 将"背景""花边"和"灯笼"层以外的图层全部锁定及隐藏。然后将"灯笼"层解锁,单击该层的第 1 帧,按下【F8】键,在弹出的"转换为元件"对话框中名称设为"灯笼动画",类型选择"图形",注册点为中间。设置好后,单击"确定"即可。

(24) 双击"灯笼动画"元件,进去其编辑状态。然后将四个灯笼分别按【F8】键转换为元件并进行命名，如标有"新"的灯笼命名为"灯笼—新"、标有"年"的灯笼命名为"灯笼—年"……

（25）四个灯笼转为元件后，全部选中，单击鼠标右键，在弹出的快捷菜单中，选择"分散到图层"命令，然后将"图层 1"（空白层）删除，此时时间轴为图 2-31 所示。

（26）选择"灯笼动画"元件内全部图层的第 8、9 和 10 帧，然后按【F6】键插入关键帧，如图 2-32。

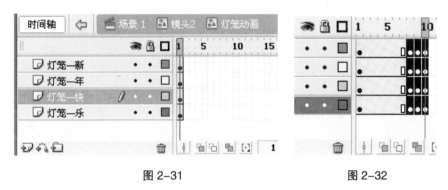

图 2-31　　　　　　　　　　图 2-32

（27）选择"灯笼动画"元件内全部图层的第 1 帧，将四个灯笼全部拖拽至舞台上方，如图 2-33 所示。

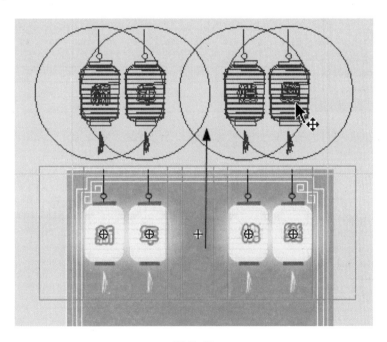

图 2-33

（28）然后选择"灯笼动画"元件内全部图层的第 9 帧，将四个灯笼上调一点，如图 2-34 所示。

（29）然后选择"灯笼动画"元件内全部图层的第 1～7 帧中任意一帧，单击"属性"面板，在"补间"处选择"动画"。

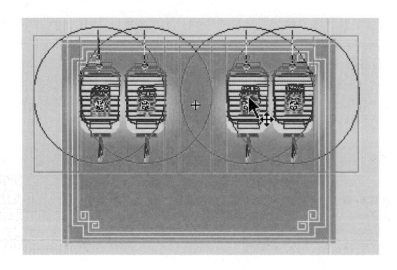

图 2-34

（30）选中"灯笼—年"图层，将此层上的帧向后拖动 9 帧；选中"灯笼—快"图层，将此层上的帧向后拖动 18 帧；选中"灯笼—乐"图层，将此层上的帧向后拖动 27 帧；然后选中四个图层的第 50 帧，按下【F5】键插入帧，此时时间轴效果如图 2-35 所示。

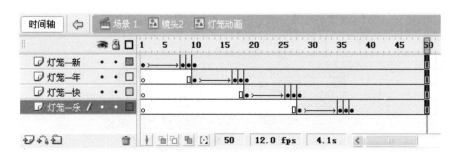

图 2-35

（31）完成上一步骤，单击"镜头 2"按钮，回到其元件编辑状态。单击"灯笼"图层的"灯笼动画"元件，在其"属性"面板中"实例"名称下方选择"播放一次"，如图 2-36 所示。

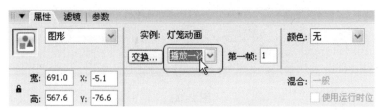

图 2-36

（32）设置好后，根据音乐，将"灯笼"层的第 1 帧拖拽至第 35 帧处，然后将该层锁定，如图 2-37。

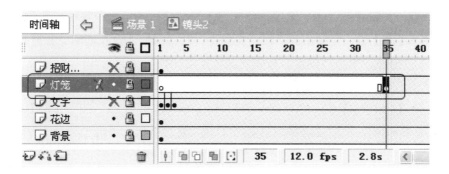

图 2-37

（33）选择"元宝"图层，将其取消隐藏及解锁。选中"金子"图案，按下键盘 F8 键，在弹出的"转换为元件"对话框中，命名名称为"金元宝"，类型选择"图形"，中间注册点。单击"确定"按钮将其转换为元件。

（34）选中"元宝"层的第一帧，将其拖拽至该层的第 70 帧处，单击"添加运动引导层" ✦✦ 按钮，在"元宝"添加了一个引导层，然后在此引导层上使用【铅笔工具】（Y）绘制一条抛物线，如图 2-38 所示。

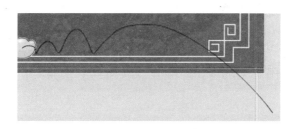

图 2-38

（35）绘制完后，再单击"元宝"层的第 81 帧插入关键帧。将"金元宝"元件对准抛物线的末端，如图 2-39（1）；然后单击"元宝"层的第 70 帧，将"金元宝"元件对准抛物线的起端，如图 2-39（2）所示。

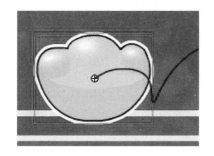

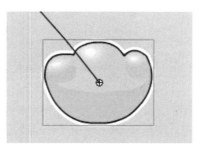

图 2-39（1）　　　　　　　　　　　图 2-39（2）

（36）选择"元宝"层上的引导层，单击第 81 帧，按下【F7】键插入空白关键帧。然后将此组引导层和被引导层锁定并隐藏。

（37）选择"招财童子—大"图层，将其显示及解锁。然后选中第一帧并将此帧拖拽至第 81 帧，按下【F8】键，在弹出的"转换为元件"对话框中，输入名称"财神爷"，类型为"图形"，中心注册点，单击"确定"按钮将其转换为元件。

（38）单击选择工具箱中的【任意变形工具】（Q），将圆点拖至下方，如图 2-40 所示。

（39）配合【Ctrl+Alt】键，选择此层的第 86、88、90 和 91 帧，按下【F6】键插入关键帧，单击此层第 81 帧，使用【选择工具】（V）将"财神爷"元件拖至舞台下方，如图 2-41 所示。

图 2-40   图 2-41

（40）单击此层第 86 帧，使用【任意变形工具】（Q）将其向上拉伸一点，如图 2-42 所示。

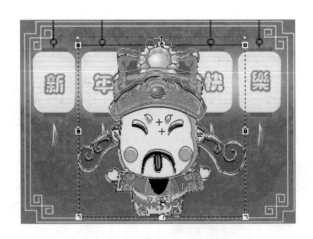

图 2-42

（41）单击此层第 88 帧，使用【任意变形工具】（Q）将其向下拉伸一点，如图 2-43 所示。

（42）单击此层第 90 帧，使用【任意变形工具】（Q）将其向上拉伸，比图 2-42 稍微小一点。

（43）单击选择此层的第 81～89 帧之间的任意帧数，然后打开其"属性"面板，在"补间"处选择"动画"，使时间轴如图 2-44 所示。

图 2-43

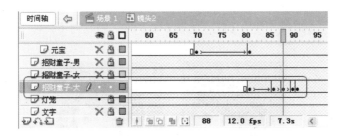

图 2-44

（44）锁定"招财童子—大"层，选择"招财童子—女"层并显示及解锁。然后选中第 1 帧并将此帧拖拽至第 96 帧，按下【F8】键，在弹出的"转换为元件"对话框中，输入名称"招财童子女"，类型为"图形"，中心注册点，单击"确定"按钮将其转换为元件。

（45）单击选择工具箱中的【任意变形工具】（Q），将圆点拖至下方，如图 2-45 所示。

图 2-45　　　　　　　　　　　　　图 2-46

（46）配合【Ctrl+Alt】键，选择此层的第 101、103、105 和 106 帧，按下【F6】键插入关键帧，单击此层第 96 帧，使用【选择工具】（V）将"招财童子女"元件拖至舞台下方，如图 2-46 所示。

（47）单击此层第 101 帧，使用【任意变形工具】（Q）将其向上且向左拉伸一点，如图 2-47 所示。

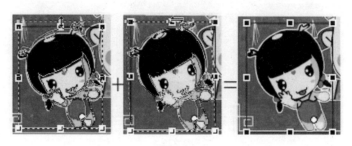

图 2-47

（48）单击此层第 103 帧，使用【任意变形工具】（Q）将其向下拉伸一点，如图 2-48 所示。

图 2-48

（49）单击此层第 105 帧，使用【任意变形工具】（Q）将其向上拉伸，比图 2-48 稍微小一点。

（50）单击选择此层的第 96～104 帧之间的任意帧数，然后打开其"属性"面板，在"补间"处选择"动画"，使时间轴如图 2-49 所示。

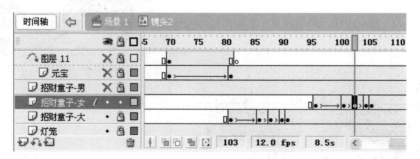

图 2-49

（51）锁定"招财童子—女"层，选择"招财童子—男"层并显示及解锁。然后选中第 1 帧并将此帧拖拽至第 112 帧，按下【F8】键，在弹出的"转换为元件"对话框中，输入名称"招财童子男",类型为"图形",中心注册点,单击"确定"按钮将其转换为元件。

（52）单击选择工具箱中的【任意变形工具】（Q），将圆点拖至下方，如图 2-50 所示。

图 2-50　　　　　　　　　　　图 2-51

（53）配合【Ctrl+Alt】键，选择此层的第 117、119、121 和 122 帧，按下【F6】键插入关键帧，单击此层第 112 帧，使用【选择工具】（V）将"招财童子女"元件拖至舞台下方，如图 2-51 所示。

（54）单击此层第 117 帧，使用【任意变形工具】（Q）将其向上且向左右拉伸一点，如图 2-52 所示。

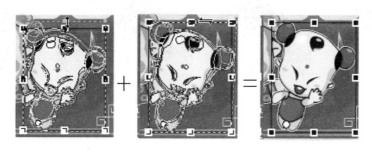

图 2-52

（55）单击此层第 119 帧，使用【任意变形工具】（Q）将其向下拉伸一点，如图 2-53 所示。

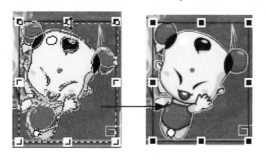

图 2-53

（56）单击此层第 121 帧，使用【任意变形工具】（Q）将其向上拉伸，比图 2-53 稍微小一点。

（57）单击选择此层的第 112～120 帧之间的任意帧数，然后打开其"属性"面板，在"补间"处选择"动画"，使时间轴如图 2-54 所示。

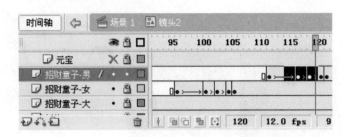

图 2-54

（58）锁定"招财童子—男"层，选择"招财童子—女"层，将其解锁。单击选择此层的第 130 帧（对照音乐歌词为"发大财"处），然后配合【Ctrl+Alt】键，继续选择此层第 133、136 和 138 帧，选中后，按下【F6】键，插入关键帧。

（59）单击选择第 133 帧，使用【任意变形工具】（Q）将其向左旋转一点，如图 2-55 所示。

（60）单击选择第 134 帧，使用【任意变形工具】（Q）将其向右旋转一点，如图 2-56 所示。

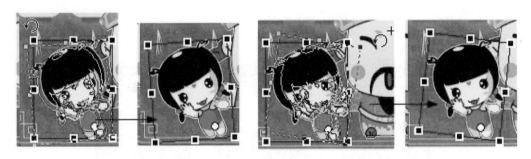

图 2-55   图 2-56

（61）选择第 130～138 帧之间的任意帧，单击属性面板给予"动画"补间。此时时间轴如图 2-57 所示。

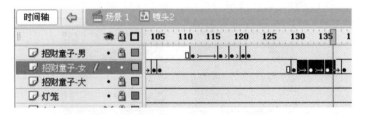

图 2-57

（62）选择"招财童子—男"层，将其解锁。单击选择此层的第 148 帧（对照音乐歌词为"想什么"处），然后配合【Ctrl+Alt】键，继续选择此层第 151、154 和 157 帧，选中后，按下【F6】键，插入关键帧。

（63）单击选择第 151 帧，使用【任意变形工具】（Q）将其向右旋转一点，如图 2-58 所示。

（64）单击选择第 154 帧，使用【任意变形工具】（Q）将其向左旋转一点，如图 2-59 所示。

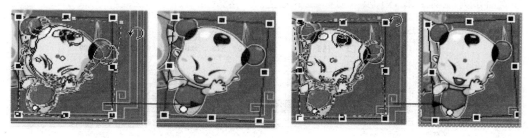

　　图 2-58　　　　　　　　　　　　　　　　　　　　　　图 2-59

（65）选择第 130～138 帧之间的任意帧，单击属性面板给予"动画"补间。此时时间轴如图 2-60 所示。

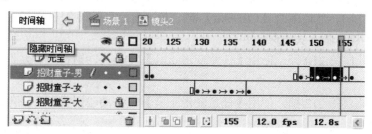

图 2-60

（66）选择"招财童子—女"层，选中此层的第 130～139 帧，配合【Alt】键，按下鼠标左键不放并拖动至第 161 帧（对照音乐歌词为"得什么"处），如图 2-61 所示。

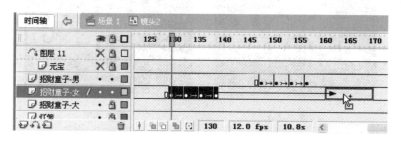

图 2-61

（67）选择"招财童子—男"层，选中此层的第 148～157 帧，配合【Alt】键，按下鼠标左键不放并拖动至第 180 帧（对照音乐歌词为"添福"处），如图 2-62 所示。

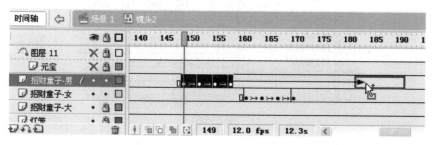

图 2-62

（68）选择"招财童子—女"层，选中此层的第 161～170 帧，配合【Alt】键，按下鼠标左键不放并拖动至第 191 帧（对照音乐歌词为"又添寿"处），如图 2-63 所示。

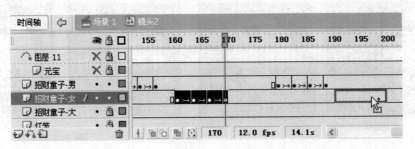

图 2-63

（69）选择"招财童子—大"层，将其解锁。单击选择此层的第 208 帧（对照音乐歌词为"大小平安"处），然后配合【Ctrl+Alt】键，继续选择此层第 210、212 和 214 帧，选中后，按下【F6】键，插入关键帧。

（70）单击此层第 210 帧，使用【任意变形工具】（Q）将"财神爷"元件向上拉伸一点，如图 2-64 所示。

（71）单击此层第 212 帧，使用【任意变形工具】（Q）将"财神爷"元件向下拉伸一点，如图 2-65 所示。

图 2-64   图 2-65

（72）选择此层的第 208～213 帧之间任意帧，单击属性面板，给予"动画"补间。此时时间轴如图 2-66 所示。

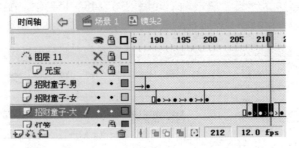

图 2-66

（73）选择"招财童子—男"和"招财童子—女"两层的第 210 帧（对照音乐歌词为"大

小平安"处），然后配合【Ctrl+Alt】键，继续选择两层的第 212、214 和 216 帧，选中后，
按下【F6】键，插入关键帧。

（74）分别使用【任意变形工具】（Q）调整"招财童子—男"和"招财童子—女"两层
第 212 帧的图形并将其向上拉伸一点，如图 2-67 所示。

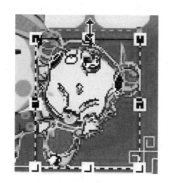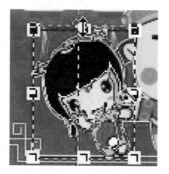

图 2-67

（75）分别使用【任意变形工具】（Q）调整"招财童子—男"和"招财童子—女"两层
第 214 帧的图形并将其向下拉伸一点，如图 2-68 所示。

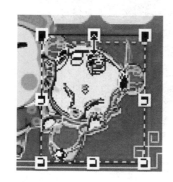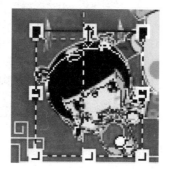

图 2-68

（76）然后选择两层的第 210～215 帧之间的任意帧，单击属性面板，给予"动画"补间。
此时时间轴如图 2-69 所示。

图 2-69

（77）将"招财童子"三个图层锁定，选择"文字"层，将其显示及解锁。选中并拖动

此层的前三个关键帧至第 132 帧（对照音乐歌词为"发大财"处），单击选中第 132 帧（财），按下【F8】键，在弹出的"转换为元件"对话框中，名称为"发大财"、类型为"图形"，单击"确定"按钮将其转为元件。

（78）选中第 133 帧将其拖拽至第 180 帧（对照音乐歌词为"添福"处），然后按下【F8】键，在弹出的"转换为元件"对话框中，名称为"添福"，类型为"图形"，单击"确定"按钮将其转为元件。

（79）选中第 134 帧将其拖拽至第 194 帧（对照音乐歌词为"添寿"处），然后按下【F8】键，在弹出的"转换为元件"对话框中，名称为"添寿"，类型为"图形"，单击"确定"按钮将其转为元件。

（80）然后配合【Ctrl+Alt】键，继续选择"文字"层的第 135、138 和 141 帧，选中后，按下【F6】键，插入关键帧。

（81）单击"文字"层第 135 帧，使用【任意变形工具】（Q）调整"发大财"元件，将其向左旋转一点，如图 2-70 所示。

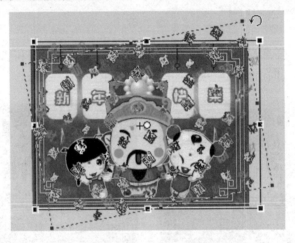

图 2-70

（82）单击"文字"层第 138 帧，使用【任意变形工具】（Q）调整"发大财"元件，将其向右旋转一点，如图 2-71 所示。

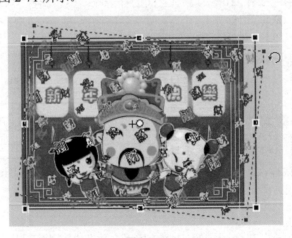

图 2-71

（83）然后选择"文字"层的第 132～140 帧之间的任意帧，单击属性面板，给予"动画"补间。单击第 142 帧，按下【F7】键插入空白关键帧，此时时间轴如图 2-72 所示。

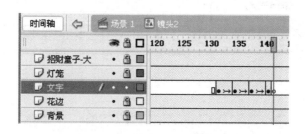

图 2-72

（84）配合【Ctrl+Alt】键，继续选择"文字"层的第 183、186 和 189 帧，选中后，按下【F6】键，插入关键帧。

（85）单击"文字"层第 183 帧，使用【任意变形工具】（Q）调整"添福"元件，将其向左旋转一点；然后单击"文字"层第 186 帧，使用【任意变形工具】（Q）调整"添福"元件，将其向右旋转一点。

（86）然后选择"文字"层的第 180～188 帧之间的任意帧，单击属性面板，给予"动画"补间。单击第 190 帧，按下【F7】键插入空白关键帧，此时时间轴如图 2-73 所示。

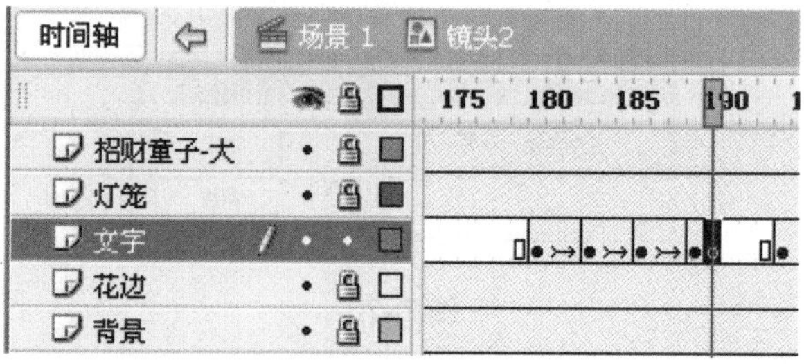

图 2-73

配合【Ctrl+Alt】键，继续选择"文字"层的第 197、200 和 203 帧，选中后，按下【F6】键，插入关键帧。

（87）单击"文字"层第 197 帧，使用【任意变形工具】（Q）调整"添寿"元件，将其向左旋转一点；然后单击"文字"层第 200 帧，使用【任意变形工具】（Q）调整"添寿"元件，将其向右旋转一点。

（88）然后选择"文字"层的第 194～202 帧之间的任意帧，单击属性面板，给予"动画"补间。单击第 204 帧，按下【F7】键插入空白关键帧，此时时间轴如图 2-74 所示。

（89）锁定"文字"层，选择"灯笼"层，并将其解锁。然后单击此层的第 225 帧，按下【F6】键插入关键帧。然后单击选中此帧上的"灯笼动画"元件，按下鼠标右键，在弹出的快捷菜单中，选择"直接复制元件"，然后在弹出的"直接复制元件"对话框中单击"确定"按钮。

（90）双击此时改变成"灯笼动画副本"的元件，进入其编辑状态。

（91）选中该元件内四层的第 1～37 帧，单击鼠标右键，在弹出的快捷菜单中，选择"删除帧"选项。此时该元件内的时间轴为图 2-75 所示。

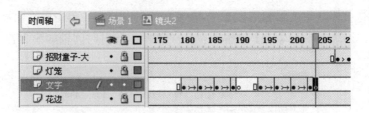

图 2-74

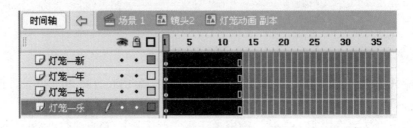

图 2-75

（92）选择"灯笼—新"图层上的灯笼，单击鼠标右键，在弹出的下拉列表中选择"直接复制元件"，在弹出的对话框中，更改名称为"灯笼—万"，如图 2-76 所示，然后单击"确定"按钮即可。然后双击此元件将里面的文字"新"为"万"。

图 2-76

（93）根据上面步骤，分别将"灯笼—年""灯笼—快""灯笼—乐"元件更改为"灯笼—事""灯笼—如""灯笼—意"，元件内文字同样修改，效果如图 2-77 所示。

图 2-77

（94）上面修改完后，使用【任意变形工具】（Q）分别调节四个元件的中心点至中上方。如图 2-78 所示。

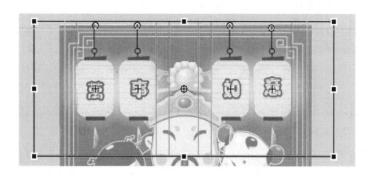

图 2—78

（95）调整完后，配合【Ctrl+Alt】键，选择四层的第 4 帧和第 7 帧，按下【F6】键，插入关键帧。

（96）选择四个层的第 4 帧，使用【任意变形工具】（Q）分别对四个元件进行旋转，效果如图 2-79 所示。

图 2—79

（97）然后选择该四层的第 1～6 帧任意帧，打开属性面板，给予"动画"补间，此时时间轴效果如图 2-80 所示。

图 2—80

（98）完成上面步骤，继续调节时间轴效果如图 2-81 所示。

（99）调整完后，单击时间轴上方的"镜头 2"名称处，回到"镜头 2"元件内。单击此"灯笼动画副本"元件，打开"属性"面板，在实例名称下面的"第一帧"后面更改数字为"1"。

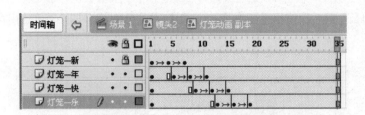

图 2-81

（100）完成后，单击时间轴上方的"场景 1"名称，回到主场景，回车浏览，声音和动画文件是否对应，如不对应，进行调节。

（101）回到场景第 1 帧，单击"镜头 1"元件，单击"插入元件" 按钮，将新建的图层移至最上层。然后选择菜单栏【文件】→【打开】命令或快捷键【Ctrl+O】，选择素材"烟花"文件，单击"打开"按钮。

（102）在打开"烟花"文件后，框选住舞台上的圆点，使用组合键【Ctrl+C】复制此元件。然后回到"Flash 贺卡"文件，使用组合键【Ctrl+V】粘贴此元件并调整到合适位置。

（103）粘贴后，单击"场景 1"回到主场景。拖动时间轴至第 380 帧处，将第 380 帧以后的帧删除，如图 2-82。

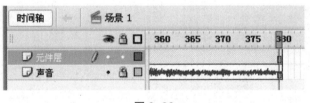

图 2-82

（104）单击"声音层"，打开"属性"面板，单击"编辑声音封套" 编辑... 按钮。单击"编辑封套"右下方的"缩小" 按钮直至两个声道中出现两条竖线。

（105）单击竖线上方的包格线添加两个包格，并分别对齐进行调整，如图 2-83 所示的效果。

（106）然后单击"确定"按钮。

（107）回到主场景，单击"插入图层" 按钮，将新建的图层移至最上层，并命名为"镜头转换"。然后单击此层的第 115 帧，按下【F7】键插入一个空白关键帧。

（108）使用工具箱中的【矩形工具】（R），设置填充色为"黑色"，其他默认。在此层上绘制一个能够覆盖住舞台的矩形，按下【F8】键，在弹出的"转换为元件"对话框中输入名称为"镜头黑块"类型为图形，设置好后，单击"确定"按钮。

（109）然后分别将"镜头转换"层的第 125 帧和第 135 帧按下【F6】键转为关键帧，将第 136 帧按下【F7】键转为空白关键帧。

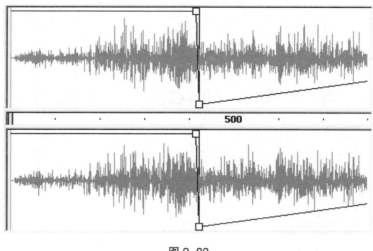

图 2-83

（110）然后将此层的第 115 帧和第 135 帧上的"镜头黑块"元件，在"属性"面板中设置颜色 Alpha 值为零。设置好后，选择这两帧之间的任意帧，给予"动画"补间。此时时间轴如图 2-84 所示。

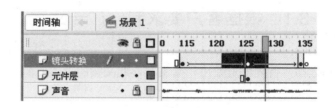

图 2-84

（111）完成以上步骤，即可完成本贺卡的制作，按【Ctrl+Enter】即可测试影片预览效果。

第 3 章　Flash 广告设计

学习目标

❖ 掌握广告制作的流程。

课前准备

本章内容为咖啡的一则广告设计，设计前应了解公司要表达的意图，准备好广告创意方案。

3.1　根据客户要求制作广告文案

Flash 广告制作之前，首先就是要出一套文案，此文案的主题要简要明了，表达出客户所要推广的信息。

根据信息，我们大概分类列出下面的表格。

阿拉比加咖啡创意脚本			
镜号	画面	配音	镜头
1（2 秒）	办公桌上一杯咖啡和一张工作表	"早上我喜欢喝一杯过滤的咖啡"	
2（3 秒）	办公室内老板坐在椅子上喝咖啡	以激发我的灵感，全心迎接新一天的挑战	
3（3 秒）	两杯冒热气的咖啡	为顾客献上一杯现磨的咖啡	
4（3 秒）	办公室内，工作人员为客户献上咖啡	整个合作源于客户间的真诚沟通	
5（5 秒）	两个人举杯祝贺。（室外）	"你的方案提得很好，加油啊！"在这里咖啡让我们更有创意，无比团结	从上移到下
6（10 秒）	文字到前面场景配图	阿拉比加咖啡文化有限公司，始终执着于我们神圣的事业，做一杯好咖啡，一杯能给你带来活力和快乐的好咖啡	文字由中间至右下角，图片由右下角依次移至舞台中间
7（6 秒）	文字	公司经营各种咖啡机和咖啡豆，选购请致电：0311-88888888	

3.2　文档设置及分镜绘制

创意脚本做好后，需要设置文档及分镜。

3.2.1　广告创意文档设置

（1）首先选择菜单栏【文件】→【新建】命令或快捷键【Ctrl+N】新建一个 Flash 空白文档。

（2）然后选择菜单栏【修改】→【文档属性】命令或快捷键【Ctrl+J】，在打开的"文档属性"面板中设置尺寸为"800（宽）×600（高）"，帧频为"25fps"，单击"确定"按钮即可。

（3）使用工具箱中【矩形工具】（R），设置填充颜色为"无色"，然后绘制一个矩形，在其"属性"面板处设置此矩形宽为 800，高为 400，回到【选择工具】（V），【Ctrl+K】调出"对齐"面板，点击"相对于舞台"按钮，然后"水平中齐" 呂 和"垂直中齐" ㅁㅁ。此时矩形如图 3-1 所示。

图 3-1

（4）单击选中此矩形，使用组合键【Ctrl+C】将其复制，然后【Ctrl+Shift+V】粘贴到当前位置，使用【任意变形工具】（Q）将其放大至舞台以外并调整其宽度。

（5）调整好后，使用组合键【Ctrl+A】将两个矩形全选，【Ctrl+B】将其全部打散。若在非绘制对象下制作，则跳过此项。

（6）选择填充色为黑色，使用【颜料桶工具】（K）在两个矩形之间填充颜色，如图 3-2 所示。

（7）在舞台空白处，单击鼠标右键，在弹出的快捷菜单中选择"标尺"选项。

（8）在标尺中拖出辅助线至黑框的边缘，如图 3-3 所示。

图 3-2

图 3-3

（9）完成以上步骤，选择菜单栏【文件】→【保存】或快捷键【Ctrl+S】，在弹出的"另存为"对话框中，选择存储位置，设置名称为"阿拉比加咖啡广告"，然后单击"确定"按钮即可。

3.2.2　广告创意分镜制作

文档设置好后，即可开始进行分镜绘制，分镜对一个影片有着非常重要的作用，简单地汇总了整个影片的过程，避免影片完成后因镜头不合适而造成反复修改的麻烦。

（1）打开"阿拉比加咖啡广告"文件，锁定"图层 1"，单击"插入图层" 🔀 按钮，将新建的图层命名为"声音"。

（2）选择菜单栏【文件】→【导入】→【导入到舞台】命令或快捷键【Ctrl+R】，在弹出的"导入"对话框中，选择"阿拉比加咖啡声音"文件，单击"打开"按钮将其导入。

（3）单击"声音"，打开"属性"面板，在声音处选择上面导入的声音，然后在此层按下【F5】键加入帧，直至声音文件全部显示。

（4）锁定"声音"层，单击"插入图层" 🔀 按钮，将新建的图层更改名称为"分镜"，然后将此层拖至最下层。

（5）根据"阿拉比加咖啡创意脚本"中的内容绘制分镜。7 个镜头分别为根据声音顺序，分别排列在 7 个关键帧上：1、65、130、202、290、420、652。此 7 个关键帧上的分镜草稿分别如图 3-4 所示。

图 3-4

3.3　Flash 广告所需素材准备及绘制

分镜绘制好后，开始绘制场景及人设等工作。

（1）锁定"分镜"层，单击"插入图层" 按钮，将新建的图层更改名称为"元件"。

（2）单击第 1 帧，使用工具箱中的各种工具绘制镜头 1 的内容（绘制内容要分组），如图 3-5 所示。绘制好后，按下 F8 键，在弹出的"转换为元件"对话框中输入名称"镜头 1"，类型选择"图形"，然后单击"确定"按钮即可。

图 3-5

（3）单击第 65 帧，按下【F7】键插入空白关键帧，然后使用工具箱中的各种工具绘制镜头 2 的内容，如图 3-6 所示。绘制好后，按下【F8】键，在弹出的"转换为元件"对话框中输入名称"镜头 2"，类型选择"图形"，然后单击"确定"按钮即可。

图 3-6

（4）单击第 130 帧，按下【F7】键插入空白关键帧，然后使用工具箱中的各种工具绘制镜头 3 的内容，如图 3-7 所示。绘制好后，按下【F8】键，在弹出的"转换为元件"对话框中输入名称"镜头 3"，类型选择"图形"，然后单击"确定"按钮即可。

图 3-7

（5）单击第 202 帧，按下【F7】键插入空白关键帧，然后使用工具箱中的各种工具绘制镜头 4 的内容，如图 3-8 所示。绘制好后，按下【F8】键，在弹出的"转换为元件"对话框中输入名称"镜头 4", 类型选择"图形", 然后单击"确定"按钮即可。

图 3-8

(6) 单击第 290 帧, 按下【F7】键插入空白关键帧, 然后使用工具箱中的各种工具绘制镜头 5 的内容, 因为此镜头从上移至下, 所以长度上要多画一些内容, 如图 3-9 所示。绘制好后, 按下【F8】键, 在弹出的"转换为元件"对话框中输入名称"镜头 5", 类型选择"图形", 然后单击"确定"按钮即可。

图 3-9

(7) 单击第 420 帧, 按下【F7】键插入空白关键帧, 然后使用工具箱中的各种工具绘制镜头 6 的内容, 如图 3-10 所示。绘制好后, 按下【F8】键, 在弹出的"转换为元件"对话框中输入名称"镜头 6", 类型选择"图形", 然后单击"确定"按钮即可。

图 3-10

（8）完成前面 6 个镜头后，锁定"元件"层，单击"插入图层" 按钮，将新建的图层更改名称为"文字"。

（9）然后单击选择"文字"层的第 652 帧，按下【F7】键插入空白关键帧，使用工具箱中的各种工具制作如图 3-11 所示的内容。制作好后，按下【F8】键，在弹出的"转换为元件"对话框中输入名称"镜头 7"，类型选择"图形"，然后单击"确定"按钮即可。

图 3-11

（10）选择"文字"层第 1 帧，使用【文本工具】（T）在舞台中输入文字"08:30 办公室"，如图 3-12 所示。

图 3-12

（11）选择"文字"层第 65 帧处，按下【F7】键插入空白关键帧；然后单击第 130 帧，使用【文本工具】（T）在舞台中输入文字"10:00 贵宾室"，如图 3-13 所示。

图 3-13

（12）选择"文字"层第 202 帧处，按下【F7】键插入空白关键帧；然后单击第 290 帧，使用【文本工具】（T）在舞台中输入文字"15:00 会议室"，如图 3-14 所示。

图 3-14

（13）选择"文字"层第 350 帧处，按下【F7】键插入空白关键帧。
（14）完成以上步骤，全部素材文件安排好后，使用组合键【Ctrl+S】将文件进行保存。

3.4　广告设计动画制作

以上素材准备完毕后，即可进行动画制作部分内容。
首先打开上面存储的文件。单击第 1 帧，双击"镜头 1"元件，进入其编辑状态。
单击"插入图层" 按钮，在"镜头 1"元件里插入一个新的图层。双击该图层更改名称为"热气"。
在"热气"层上，先用【铅笔工具】（Y）绘制一条热气大概的路径，如图 3-15 所示。

图 3-15

然后将"热气"层锁定，单击"插入图层" 按钮，将新建的图层命名为"热气动画"，然后使用工具箱深红的【笔刷工具】（B），将填充颜色设为"白色"。
然后在"热气动画"层上，根据下面的铅笔路径逐帧绘制热气，如图 3-16 所示。中间省略点部分没有截图，是需要自己根据路径逐帧绘制的。

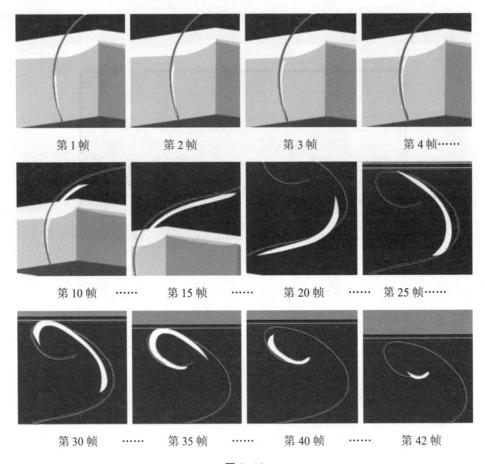

第 1 帧　　　　第 2 帧　　　　第 3 帧　　　　第 4 帧……

第 10 帧 ……　　第 15 帧 ……　　第 20 帧 ……　　第 25 帧……

第 30 帧 ……　　第 35 帧 ……　　第 40 帧 ……　　第 42 帧

图 3-16

热气绘制好后，将此层的关键帧选中，单击鼠标右键，在弹出的快捷菜单中选择"剪切帧"选项。

选择菜单栏【插入】→【新建元件】命令或快捷键【Ctrl+F8】键，在弹出的"新建"元件对话框中，输入名称"咖啡 冒烟"，在类型中选择"图形"，然后单击"确定"按钮。

单击"咖啡 冒烟"元件中的第 1 帧，单击鼠标右键，选择粘贴帧。

粘贴后，单击"场景" 📄 按钮，选择"场景一"，回到主场景，双击第 1 帧的"镜头 1"元件。单击选择"热气层"，将此层删除。

单击选择"热气动画"层的第 1 帧，按下【Ctrl+L】键打开"库"面板，在库中选择"咖啡 冒烟"元件，将其拖拽至舞台，并调整到咖啡杯子上方的合适位置。

单击选择"咖啡 冒烟"元件，打开"属性"面板，在名称下面设置"播放一次"，颜色选择"Alpha"，其数量为"70%"

然后单击时间轴上"热气动画"的第 42 帧，按下【F6】键，插入关键帧，设置其"属性"面板中的 Alpha 值为"0%"，然后选择 1~42 帧中的任意 1 帧，在"属性"面板中给予"动画"补间。

上面完成后，将"热气动画"层锁定，点击"插入图层" 🔲 按钮，将新建的图层命名为"热气动画 2"。然后在"库"面板中选择"咖啡 冒烟"元件，将其拖拽至舞台，并调整到咖啡杯子上方的合适位置。

单击选择"咖啡 冒烟"元件，打开"属性"面板，在名称下面设置"播放一次"，颜色选择"Alpha"，其数量为"60%"

然后单击时间轴上"热气动画 2"的第 42 帧，按下【F6】键，插入关键帧，设置其"属性"面板中的 Alpha 值为"0%"，然后选择 1～42 帧中的任意 1 帧，在"属性"面板中给予"动画"补间。

将"热气动画 2"层锁定，点击"插入图层" 按钮，将新建的图层命名为"热气动画 3"。然后在"库"面板中选择"咖啡 冒烟"元件，将其拖拽至舞台，选择菜单栏【修改】→【变形】→【水平翻转】命令，并调整到合适位置。

单击选择"咖啡 冒烟"元件，打开"属性"面板，在名称下面设置"播放一次"，颜色选择"Alpha"，其数量为"50%"

然后单击时间轴上"热气动画 3"的第 42 帧，按下【F6】键，插入关键帧，设置其"属性"面板中的 Alpha 值为"0%"，然后选择 1～42 帧中的任意 1 帧，在"属性"面板中给予"动画"补间。此时时间轴效果和动画效果分别如图 3-17（1）、3-17（2）所示。

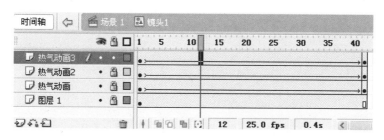

图 3-17（1）

图 3-17（2）

单击"场景 1"名称，回到主场景，然后单击选中"元件"层上的"镜头 1"元件，在"属性"面板中的名称下面设置"播放一次"。

选择"文字层"上的文字"08:30 办公室"，按下【F8】键，在弹出的"转换为元件"对话框中，输入元件名称为"08:30 办公室"，类型选择"图形"。然后单击"确定"按钮。将其转换为元件。

双击"08:30 办公室"元件，进入其元件内部，选中文字，两次按下【Ctrl+B】键将其进行分离，然后，分别将其转换为元件，例如数字 08 转换名称为"08"的元件、冒号转换

为 ":" 元件，办字转换为 "办" 元件……

转换完后，全部选中，在其上方单击鼠标右键，在弹出的快捷菜单中选择 "分散到图层"
选项，删除开始的空白帧图层，此时时间轴效果为图 3-18 所示。

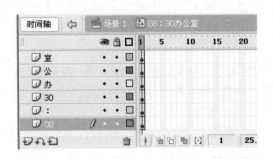

图 3-18

选中全部图层的第 15 帧，按下【F6】键插入关键帧，然后回到第 1 帧，分别将 6 个元
件移至舞台外面，如图 3-19 所示。

图 3-19

完成上步，选择全部图层的第 1 帧，在 "属性" 面板中给予 "动画" 补间；然后在 "旋转"
右侧选择 "顺时针"，"旋转数" 选择 "3" 次。此时时间轴及属性面板效果如图 3-20 所示。

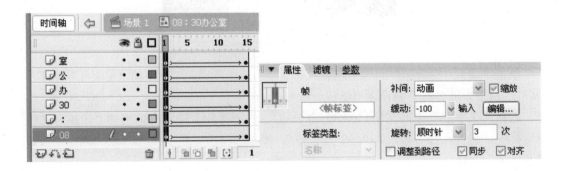

图 3-20

完成上步，单击"场景 1"名称，回到主场景。然后在"属性"面板中，设置"08:30办公室"元件的属性为"播放一次"。

以上完成了第 1 个镜头的动画，下面开始第 2 个镜头。双击"元件"层的第 65 帧，双击"镜头 2"元件，进入该元件的编辑状态。

进入"镜头 2"元件，分别将内容分类到各个图层。如背景是不需要做动画的部分，将其放置一层命名为"背景"；人物后面的椅子应放置在最上层，遮住人物、人物头部和咖啡，需要做动画，所以要单独将头部放置在一层上，命名为"头部"；人物右胳膊需要拿咖啡杯，而胳膊要分上胳膊和下胳膊，所以需要分别置于不同的图层，还有咖啡杯也是需要移动的，所以要单独建立在图层上。所有分好类别后，时间轴效果如图 3-21 所示。

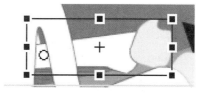

图 3-21　　　　　　　　　　　　图 3-22

分好图层后，需要把要加动作的内容转换为元件，用元件制作动画。例如"上胳膊"层，要转换为元件，命名为"2-拿咖啡上胳膊"；"下胳膊"层转换元件为"2-拿咖啡下胳膊"；"人头"转换为"2-人头"；"咖啡"为"2-咖啡"，其他不需要加动作，所以不需要转换。

转换完后，在所有层的第 50 帧处插入帧，然后使用工具箱中的【任意变形工具】（Q）调整"下胳膊"层元件的中心点至一段，如图 3-22 所示。根据需要调整人头的中心点至下方。

调整好后，将"椅子""人"和"背景"层锁定，并单击"人"层的"显示轮廓" ▢ 按钮。

选中"上胳膊"和"下胳膊"层的第 8 帧。按下【F6】键插入关键帧，然后使用工具箱中的【选择工具】（V）和【任意变形工具】（Q）调整其图层的元件至咖啡杯后面，如图 3-23 所示。

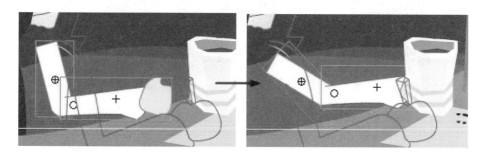

图 3-23

然后选中"上胳膊"和"下胳膊"层的第 1～7 帧中的任意一帧，打开"属性"面板，给予"动画"补间。

选择"上胳膊""下胳膊"和"咖啡"三层的第 10 帧，按下【F6】键插入关键帧，然后选择该三层的第 18 帧，按下【F6】键插入关键帧，使用工具箱中的【选择工具】（V）和【任意变形工具】（Q）调整其图层的元件，如图 3-24 所示。

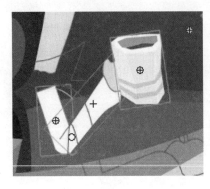

图 3-24   图 3-25

调整好后，接着选择上面三层加"人头"层的第 23 帧，按下【F6】键插入关键帧，使用工具箱中的【选择工具】（V）和【任意变形工具】（Q）调整"上胳膊""下胳膊"和"咖啡"至人头的嘴边，如图 3-25 所示。

选择"上胳膊""下胳膊"和"咖啡"三层的第 18～22 帧中的任意 1 帧，打开"属性"面板，给予"动画"补间。

选择"上胳膊""下胳膊""咖啡"和"人头"四层的第 37 帧，按下【F6】键插入关键帧，然后调整该四层的元件为喝的动作，如图 3-26 所示。

选择上面四层的第 23～36 帧之间的任意一帧，打开"属性"面板，给予"动画"补间。

配合键盘 Ctrl+Alt 键，选中上面四层的第 43 帧和第 49 帧，按下【F6】键插入关键帧，然后调整该四层的第 49 帧为喝完，动作停在半空中的状态，如图 3-27 所示。

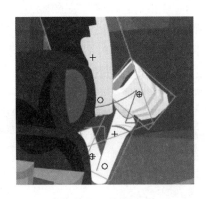
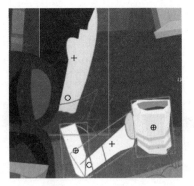

图 3-26   图 3-27

调整完后，选择该四层的第 43～48 帧中的任意一帧，打开"属性"面板，给予"动画"补间，此时时间轴效果如图 3-28 所示。

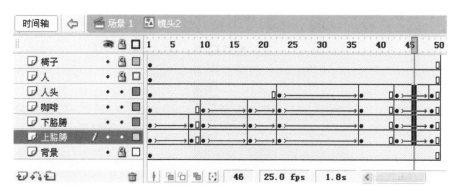

图 3-28

单击"场景 1"名称处，回到主场景中，单击选择"镜头 2"元件，在"属性"面板中设置其"播放一次"。到此便完成"镜头 2"动画。

双击"元件"层第 130 帧的"镜头 3"元件，进入其编辑状态。锁定"图层 1"，单击"插入图层"![插入图层]按钮，更改名称为"热气"，选中两层的第 45 帧处，按下【F5】键插入帧。

然后在"库"中，找到"咖啡 冒烟"元件，将其拖至舞台中咖啡杯的上方，并调整位置。再次从"库"中拖出该元件，并调整位置，然后选中三个"咖啡 冒烟"元件配合【Alt】键拖动复制到另一个杯子上方，效果如图 3-29 所示。

图 3-29

选中该层所有元件，在"属性"面板中设置"播放一次"。然后单击"场景 1"名称，退出此元件回到主场景中。

回到主场景，单击选中"镜头 3"元件，在"属性"面板中设置"播放一次"。然后单击"文字"层，选中该层的文字。按下【F8】键，在弹出的"转换为元件"对话框中，设置名称为"10:00 贵宾室"，类型选择"图形"，然后单击"确定"按钮。

双击"10:00 贵宾室"元件，进入其编辑状态。选中文字，使用组合键【Ctrl+B】将其打散，然后根据"镜头 1"的方法分别将打散的文字转换为元件，然后全选后，在其上单击鼠标右键，在弹出的快捷菜单中选择"分散到图层"选项，删除空白层，此时时间轴如图 3-30 所示。

图 3-30

选择该元件内全部图层的第 15 帧，按下【F6】键插入关键帧。然后选择第 1 帧，分别将各层的内容调整至舞台外，如图 3-31 所示。然后选择全部图层第 1～14 帧中的任意 1 帧，在"属性"中给予"动画"补间，在"旋转"处选择"顺时针"，右侧旋转数输入"3"次。

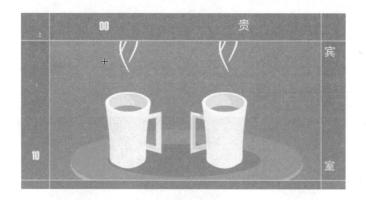

图 3-31

完成上步，双击舞台中元件内容空白处或单击"场景 1"名称，回到主场景。设置"10:00 贵宾室"元件的属性为"播放一次"。到此步即可完成"镜头 3"的动画。

单击"元件"层的第 202 帧，双击"镜头 4"元件进入其编辑状态。

进入"镜头 4"后，首先对该元件的内容进行分层。大致可以分为不需要动的"背景"层和要做动画的"贵宾"层及"服务员"层，上面还有"桌子、人"需要挡住下面，如图 3-32 所示。

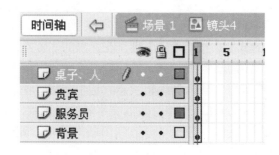

图 3-32

　　单击"服务员"层的第 1 帧，按下【F8】键，在弹出的"转换为元件"对话框中，输入名称为"4-服务员"，类型选择"图形"，然后单击"确定"按钮将该层内容转换为元件。

　　双击"4-服务员"元件，进入其编辑状态。然后分别将服务员的各个关节分别转换为元件，以备做动画使用，依次分为：服务员头部、右上胳膊、右下胳膊、上身、下身、左端咖啡胳膊和单独咖啡杯一个。转换完后，使用工具箱中的【任意变形工具】（Q）对各个元件分别进行其中心的调整（根据需要调整动画的旋转中心进行）。

　　调整完毕后，全部选中，在其上面单击鼠标右键，在弹出的快捷菜单中选择"分散到图层"选项，删除空白帧，时间轴效果如图 3-33 所示。

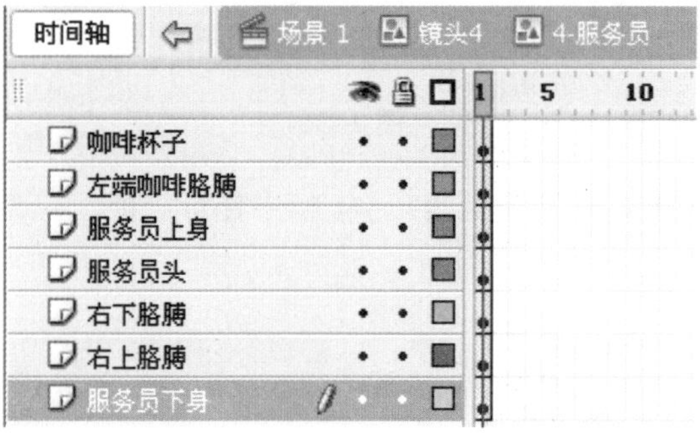

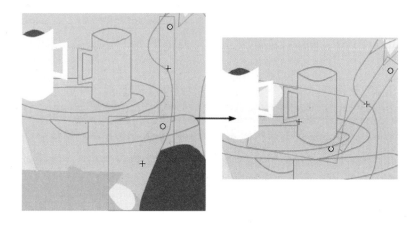

图 3-33

　　选择该元件内所有层的第 50 帧，按下【F5】键插入帧。然后分别将"服务员上身"和"左端咖啡胳膊"显示轮廓。选中"右下胳膊"和"右上胳膊"的第 20 帧，按下【F6】键插入关键帧，然后使用【任意变形工具】（Q）调整胳膊元件至咖啡杯处，如图 3-34 所示。

图 3-34

　　然后选择该两层第 1～19 帧中的任意一帧，在"属性"面板中给予"动画"补间。

　　配合【Ctrl+Alt】键然后选择所有层的第 27 帧和第 45 帧，按下【F6】键插入关键帧。然后使用工具箱中【任意变形工具】（Q）调整各个元件，如图 3-35 所示。

图 3-35

调整好后，选择该元件内所有层第 27～44 帧中任意一帧，在"属性"面板中给予"动画"补间。此时时间轴效果为图 3-36 所示。

时间轴		场景 1	镜头4	4-服务员							
		1	5	10	15	20	25	30	35	40	45
咖啡杯子											
左端咖啡胳膊											
服务员上身											
服务员头											
右下胳膊											
右上胳膊											
服务员下身											

图 3-36

单击"镜头 4"名称，回到该元件内，单击"4-服务员"元件，在属性中设置其为"播放一次"。

选中"镜头 4"元件内"贵宾"层上的内容，按下【F8】键，在弹出"转换为元件"对话框中，设置名称为"4-贵宾"，类型选择"图形"，单击"确定"按钮将其转换为元件。

双击"4-贵宾"元件，进入其编辑状态，然后开始分别将贵宾上的各个部分进行元件转换，大致分为贵宾头、贵宾身体、贵宾右胳膊和贵宾左胳膊四个元件。转换好后，使用工具箱中【任意变形工具】（Q）调整各个元件的中心点。

调整完后，将全部元件选中，在其上方单击鼠标右键，选择"分散到图层"选项，删除空白帧层，此时时间轴效果如图 3-37 所示。

选择所有层的第 25 帧，按下【F5】键插入关键帧，然后配合【Ctrl+Alt】键选择"贵宾头"层的第 5 帧和第 9 帧，按下【F6】插入关键帧，然后单击第 5 帧，使用工具箱中【任意变形工具】（Q）调整"贵宾头"元件，如图 3-38 所示。

调整好后，选择该层的第 1～8 帧中的任意帧，在"属性"面板中给予"动画"补间。

图 3-37

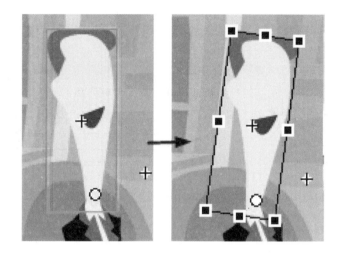

图 3-38

　　锁定"贵宾头"和"贵宾身体"层，然后配合【Ctrl+Alt】键分别选择"贵宾右胳膊"和"贵宾右胳膊"层的第 12 帧和第 20 帧，按下【F6】键插入关键帧。使用工具箱中【任意变形工具】（Q）分别调整两层上的胳膊元件，如图 3-39 所示。

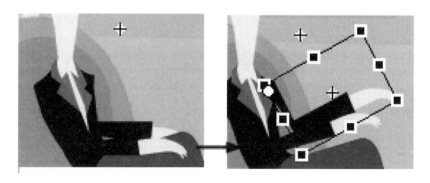

图 3-39

　　调整好后分别选择两层第 12～19 帧中的任意一帧，在"属性"面板中给予"动画"补间。

　　单击选择"贵宾左胳膊"层的第 21 帧，按下【F6】键插入关键帧，然后使用组合键【Ctrl+B】将其元件打散，单击选中手图形，将其删除，然后绘制一个如图 3-40 所示的手型。

图 3—40

完成上面步骤，此时时间轴效果如图 3-41 所示。

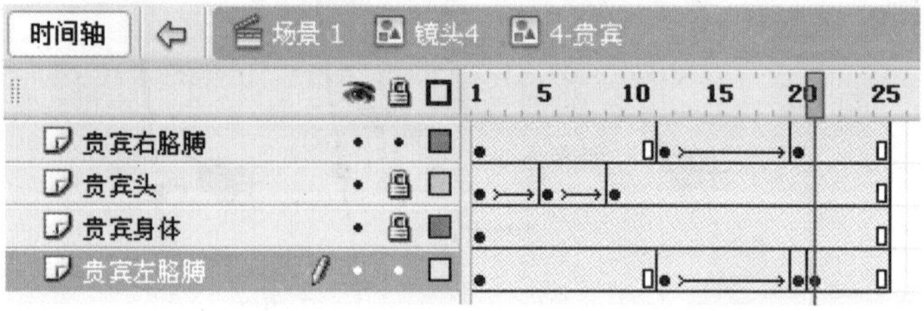

图 3—41

单击"镜头 4"名称，回到该元件，然后设置"4-贵宾"属性为"单帧"。

然后选择该元件内所有图层的第 80 帧，按下【F5】键插入帧，单击"贵宾"层的第 50 帧，按下【F6】键插入关键帧，然后单击选择该帧上的元件，设置其属性为"播放一次"。

设置完后，单击"场景 1"名称，回到主场景，设置"镜头 4"元件的属性为"播放一次"。此时，"镜头 4"的动画制作完毕。

选择"元件"层，双击此层第 290 帧的"镜头 5"元件，进入编辑状态，然后分别对要做动画的内容和不做动画的内容进行分层。例如：背景层可以包含员工的身体（左）、领导的下身（右），领导上身可另起一层，员工的头部可另起一层，如图 3-42 所示。

图 3—42

选择该元件内所有层的第 140 帧，按下【F5】键插入帧，然后选择"领导上身"层的内容，按下【F8】键，在弹出的"转换为元件"对话框中，输入名称"5-领导"，类型选择"图形"，然后单击"确定"按钮。

双击"5-领导"元件，进入其内部编辑状态。分别将领导分为"身体""右下胳膊""咖啡杯"和"口型"4 个层，如图 3-43 所示。

图 3-43

选择该四层的第 120 帧，按下【F5】键插入帧，然后选择口型层，根据"你的方案提的很好，加油啊。"这句话分别插入关键帧调整口型。时间轴的关键帧和图分别为图 3-44（1）和图 3-44（2）所示。

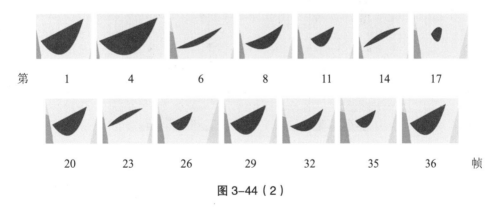

图 3-44（1）

| 第 | 1 | 4 | 6 | 8 | 11 | 14 | 17 |
| | 20 | 23 | 26 | 29 | 32 | 35 | 36　帧 |

图 3-44（2）

调整完口型，分别将咖啡杯和贵宾的右下胳膊转换为元件，并调整右下胳膊元件的中心点至胳膊肘处。

配合 Ctrl+Alt 键选择"咖啡杯"和"右下胳膊"层的第 105 帧和第 115 帧，按下【F6】键插入关键帧，然后选择两层的第 115 帧，调整胳膊和咖啡杯为抬起的位置，如图 3-45 所示。

调整好后选择该两层第 105～114 帧中的任意一帧，在"属性"面板中给予"动画"补间。

单击"镜头 5"名称或双击该元件内的空白处，退出该元件，回到"镜头 5"元件内。

单击选择"5-领导"元件，在"属性"面板中设置其为"播放一次"。

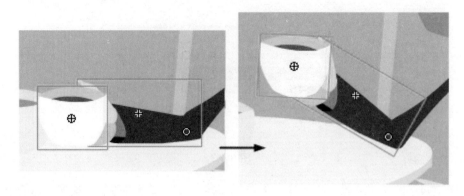

图 3-45

单击"员工头"层，选中该层上的内容，按下【F8】键，在弹出的"转换为元件"对话框中，输入名称"5 员工头"，类型选择"图形"，然后单击"确定"按钮将其转换为元件。

使用工具箱中的【任意变形工具】（Q）调整该元件的中心点至脖子处，然后配合【Ctrl+Alt】键选中该层的第 50、58 和 65 帧，按下【F6】键插入关键帧。

选中第 58 帧上的元件，使用【任意变形工具】（Q）调整其为点下头的位置，如图 3-46 所示。

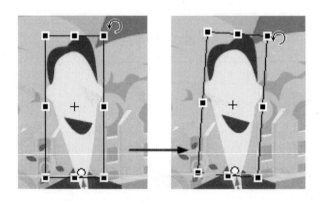

图 3-46

然后在该层的第 50～64 帧中选择任意一帧，在"属性"面板中给予"动画"补间。此时时间轴如图 3-47 所示。

图 3-47

完成上步，单击"场景 1"名称，回到主场景中，然后单击选中"镜头 5"元件，在"属性"面板中设置其"播放一次"，然后选择该层的第 350 帧，按下【F6】键插入关键帧，将该元件上调至显示出两人的胳膊。

然后选择该"元件"层的第 290～350 帧中的任意一帧，在其"属性"面板中给予"动画"补间。

选中第 290 帧"文字"层的文字，按下【F8】键，在弹出的"转换为元件"对话框中设置名称为"15:00 会议室"，类型选择"图形"，然后单击"确定"按钮将其转换为元件。

双击该元件进入其编辑状态。使用组合键【Ctrl+B】将其打散，然后分别转换为元件，转换完毕，选中全部元件，在其上方单击鼠标右键，在弹出的快捷菜单中选择"分散到图层"选项，删除空白帧层，此时时间轴效果如图 3-48 所示。

图 3-48

选择此元件内所有层的第 15 帧，按下 F6 键插入关键帧，然后选择第 1 帧，调整各个层的内容至舞台外，如图 3-49 所示。

图 3-49

调整完后，选择所有层第 1～14 帧中的任意一帧，在属性面板中给予"动画"补间，并设置其"旋转"为"顺时针"，右侧输入"3"次。完成后，双击舞台空白处回到主场景。

单击选中刚刚操作的"15:00 会议室"元件，在"属性"面板中设置其"播放一次"。

到此步即完成"镜头 5"的动画制作。

单击"元件"层的第 420 帧，双击"镜头 6"元件，进入其编辑状态。

进入"镜头 6"元件开始对内容进行分层。首先将三个镜头的内容分别转换为其所属镜头的副本。例如第 1 章图片为"镜头 2"内容，将它转换名称为"镜头 2 副本"的元件。

　　将右下角的一组文字转换为图形元件，名称为"6-文字动画"。转换完毕，全部选中，在其上方单击鼠标右键，在弹出的快捷菜单中选择"分散到图层"选项，删除有空白帧的层，将背景的层双击命名为"背景"，此时，该元件内的时间效果如图 3-50 所示。

图 3-50

　　将"镜头 2、4、5 副本"三层隐藏，选择"6-文字动画"层，将该层的"6-文字动画"元件调整至舞台中间，并双击该元件进入该元件的编辑状态。

　　将该元件的文字分别转换为元件："阿拉比加"四个字打散后，分别转换为以本身文字命名的图形文件；将"Arabica"和"咖啡文化有限公司"分别转换为图形元件，并以自身文字命名；咖啡的图标单独转换为图形元件，命名为"咖啡标志"；"COFFEE"转换为以"coffee"命名的图形元件。转换完毕，全部选中，在其上方单击鼠标右键，在弹出的快捷菜单中选择"分散到图层"选项，删除有空白帧的层，时间轴效果如图 3-51 所示。

图 3-51

　　选择该元件内所有层的第 130 帧，按下【F5】键插入关键帧，然后配合【Ctrl+Alt】键选择"阿""拉""比""加"四层的第 10、12 和 14 帧，按下【F6】键插入关键帧，然后选中四个层的第 10 帧，使用工具箱中的【任意变形工具】（Q）将总体的中心点调置下方，然后将其整体下缩，如图 3-52 所示。

　　调整好后，选择四层的第 12 帧，根据上面方法，使用【任意变形工具】（Q）将其整体上调，如图 3-53 所示。

　　选择第 1 帧，使用【选择工具】（V）将四层上的文字移至舞台上方，如图 3-54 所示。

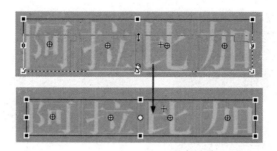

图 3-52

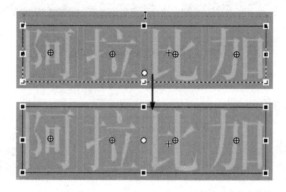

图 3-53

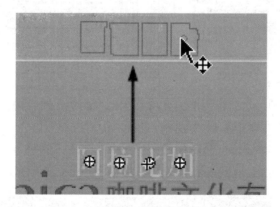

图 3-54

　　然后选择该四层的第 1～13 帧的任意帧，在"属性"面板中给予"动画"补间。形成动画后，将"拉"层的 4 个关键帧向后拖至第 10 帧；将"比"层的 4 个关键帧向后拖至第 19 帧；将"加"层的 4 个关键帧向后拖至第 28 帧。

　　选中"Arabica"和"咖啡文化有限公司"层的第 1 帧，将其拖拽至第 45 帧，然后配合【Ctrl+Alt】键选中两层的第 54、56 和 58 帧，按下【F6】键插入关键帧，选中"Arabica"层第 54 帧的"Arabica"元件，使用【任意变形工具】（Q）配合【Alt】键向右缩调，如图 3-55（1）；选中"咖啡文化有限公司"层第 54 帧的元件，使用【任意变形工具】（Q）配合【Alt】键向左缩调，如图 3-55（2）。

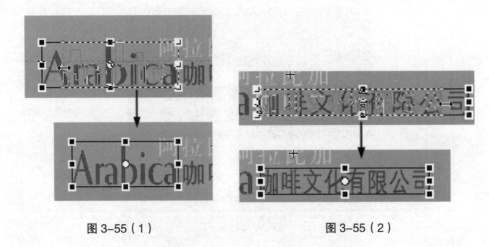

图 3-55（1）　　　　　　　　　　　　图 3-55（2）

然后同上方法使两个元件向相反方向调长，如图 3-56 所示。

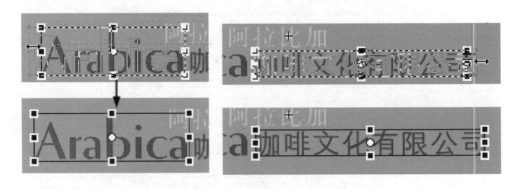

图 3-56

选择两层的第 45 帧，分别将两层的元件移至舞台两侧，然后选择两层第 45～57 帧之间的任意帧，在"属性"面板中选择"动画"补间。

单击"插入图层" 按钮，将新建的图层更改名称为"咖啡"，并将此层移至最下层，然后使用工具箱中的各种工具，绘制如图 3-57 所示的内容。然后将此图形转换为图形元件。

图 3-57

单击"插入图层" 按钮，将新建的图层更改名称为"圆"，在此层上使用工具箱中的各种工具绘制如图 3-58 所示的图形。绘制完后，将此图形转换为图形元件，命名为"圆"。

图 3-58

　　复制刚刚绘制的"圆"元件，然后单击"插入图层" 按钮，将新建的图层更改名称为"遮罩"，并将此层移至"圆"的下层，然后在该层上单击鼠标右键，在弹出的快捷菜单中选择"遮罩层"选项，然后单击此层第 1 帧的舞台，使用组合键【Ctrl+Shift+V】将复制的元件粘贴到当前位置，然后使用组合键【Ctrl+B】将其打散，单击填充颜色，在弹出的库面板中，选择任意一种颜色。

　　选中"圆""遮罩"和被遮罩层"咖啡"三层的第 1 帧，将其拖至该三层的第 78 帧，然后配合 Ctrl+Alt 键选中"圆"和"遮罩"层的第 93、99、103 帧，按下【F6】键插入关键帧，然后选中该两层第 78 帧上的内容，将其水平拖至舞台右侧，如图 3-59 所示。

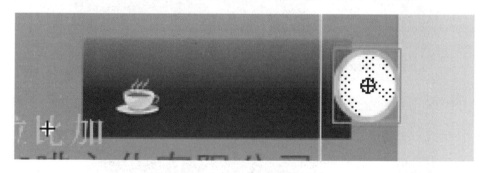

图 3-59

　　选中该两层第 93 帧上的内容，将其水平拖至左侧超过咖啡杯一点；然后选中该两层第 99 帧上的内容，将其水平拖至右侧超过咖啡杯一点。然后选择"圆"层第 78～102 帧中的任意帧，在属性中给予"动画"补间；选择"遮罩"层第 78～102 帧中的任意帧，在属性中给予"形状"补间。

　　选择"offee"层的第 1 帧，将该帧拖至该层的第 103 帧，配合【Ctrl+Alt】键选中该层的第 111、114 和 117 帧，按下【F6】键插入关键帧。

　　选中"offee"层第 111 帧上的元件，使用【任意变形工具】（Q）配合【Alt】键向左水平缩放一点，如图 3-60（1）所示；然后选择该层 114 帧上的元件，使用【任意变形工具】（Q）配合【Alt】键向右水平拉伸一点，如图 3-60（2）所示。

　　调整好后，选择该层第 103～116 帧中的任意帧，在"属性"面板中给予"动画"补间。

　　配合【Ctrl+Alt】键选择"圆""遮罩"和"咖啡"层的第 110、113 和 115 帧，按下【F6】键插入关键帧，选中该三层第 113 帧上的元件，使用【任意变形工具】（Q）将三层内容向右水平缩放一点，如图 3-61 所示。

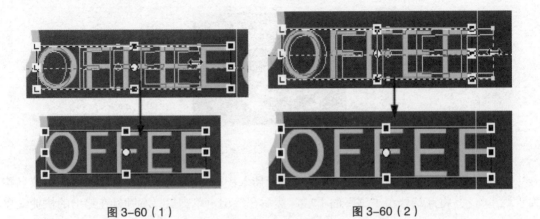

图 3-60（1）　　　　　　　　　　　图 3-60（2）

图 3-61

　　然后分别选择三层第 110～115 帧中的任意帧，在属性中给予相应的补间。

　　单击选择"咖啡标志"层的第 1 帧，将其拖拽至该层的第 117 帧，然后选择该层的第 124 帧，按下【F6】键插入关键帧。单击该层第 117 帧"咖啡标志"元件，在"属性"面板中设置其"颜色"的"Alpha"值为"0%"，然后选择该层或单击选择该层第 117～123 帧中的任意一帧，在其属性中设置"动画补间"。

　　配合【Ctrl+Alt】键选择"圆"层和"咖啡"层的第 117 和第 124 帧，按下【F6】键插入关键帧，然后分别选择两层第 124 帧的元件，在"属性"面板中设置其"Alpha"值为"0%"。然后选中"圆""遮罩"和"咖啡"三层的第 125 帧，按下【F7】键插入空白关键帧。此时时间轴如图 3-62 所示。

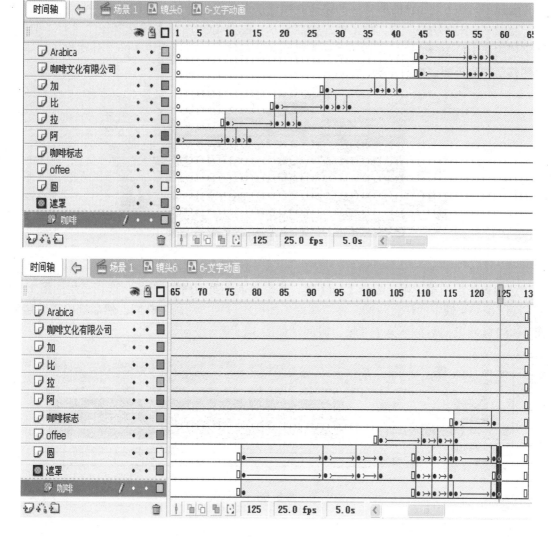

图 3-62

完成上面步骤，单击"镜头 6"名称处，回到镜头 6 元件内。然后单击选择刚刚退出的"6-文字动画"元件，在"属性"面板中设置该元件"只播放一次"，并使用【任意变形工具】（Q）将该元件放大，如图 3-63 所示。

图 3-63

选择"镜头 6"元件的所有层的第 250 帧，按下【F5】键插入关键帧。

隐藏"6-文字动画"层，将上面三个层显示。配合【Ctrl+Alt】键选择三个带有"副本"文字层的第 10、50 和 60 帧，按下【F6】键插入关键帧。然后回到第 1 帧，分别将该三层的元件移至舞台外面，如图 3-64 所示。

图 3-64

选中该三层的第 1 帧，配合【Alt】键，拖动复制到第 60 帧，然后，选择三层的第 1～9 帧和第 50～59 帧中的任意两帧，在"属性"面板中设置"动画"补间，然后选中该三层的第 1～60 帧将其向后拖至第 178 帧。时间轴如图 3-65 所示。

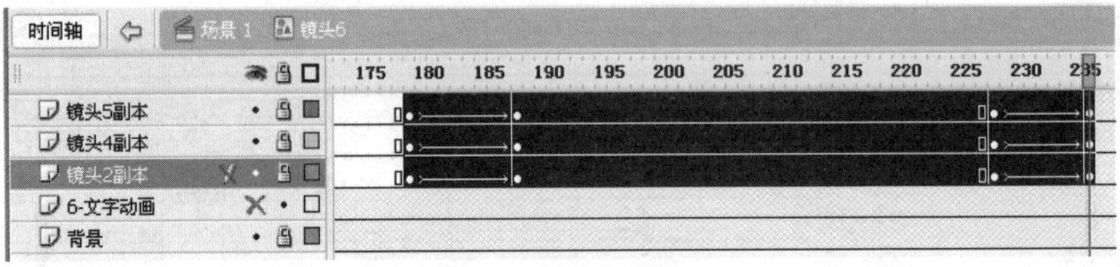

图 3-65

将"6-文字动画"层解锁，并配合【Ctrl+Alt】键选择该层的第 178 帧和第 187 帧，按下【F6】键插入关键帧，然后单击选中第 187 帧的元件，使用组合键【Ctrl+Alt+S】，在打开的"缩放与旋转"对话框中的"缩放"右侧输入"70%"，单击"确定"按钮。然后使用【选择工具】（V）将其拖至舞台右下方，如图 3-66 所示。

图 3-66

继续配合【Ctrl+Alt】键选择该层的第 227 帧和第 235 帧，按下【F6】键插入关键帧，单击选中第 235 帧，使用组合键【Ctrl+Alt+S】，在打开的"缩放与旋转"对话框中的"缩放"右侧输入"90%"，单击"确定"按钮。然后将其拖至舞台左上方，如图 3-67 所示。

图 3-67

然后配合【Ctrl+Alt】键选择该层第 178～186 帧和第 227～234 帧中的任意两帧，在"属性"面板中设置"动画"补间。此时时间轴效果如图 3-68 所示。

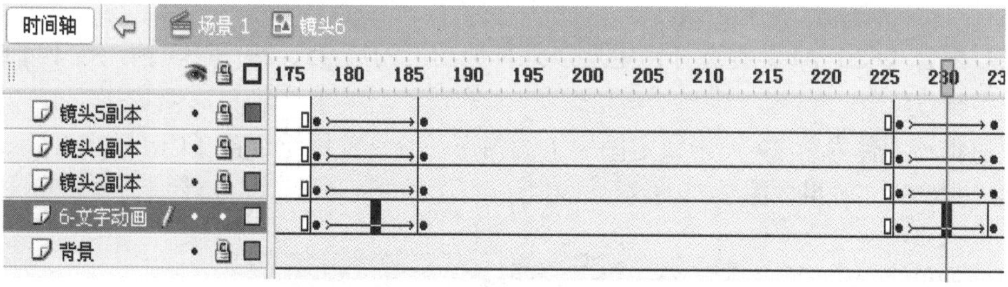

图 3-68

完成上步，单击"场景 1"名称处，回到主场景，单击"镜头 6"元件，在"属性"面板中设置该元件"播放一次"。到此便完成"镜头 6"的动画。

选择"文字"层的第 652 帧双击"镜头 7"元件进入其编辑状态。

进入"镜头 7"元件后将两行字分别转换为元件，然后选中全部元件，在其上方单击鼠标右键，在弹出的快捷菜单中选择"分散到图层"选项，删除带有空白帧的图层，此时时间轴如图 3-69 所示。

图 3-69

双击"电话"层的元件，进入其编辑状态。选中后面的电话号码，使用组合键【Ctrl+B】进行一次打散，然后选中元件内全部内容，在其上方单击鼠标右键，在弹出的快捷菜单中选择"分散到图层"选项，删除有空白帧的图层，此时时间轴效果如图 3-70 所示。

使用组合键【Ctrl+A】选中全部图形，然后【Ctrl+B】键将图形全部打散。然后锁定最上面的"选购请致电"和"-"层，选择该元件内所有图层的第 90 帧，按下【F5】键插入帧。

图 3-70

　　然后配合【Ctrl+Alt】键选择锁定层以外其他图层的第 25、29 和 33 帧，按下【F6】键插入关键帧。

　　然后将该元件内第 29 帧未锁定图层上的图形，分别使用组合键【Ctrl+Alt+S】，进行等比放大 "120%"。效果如图 3-71 所示。

图 3-71

　　选择所有未锁定层第 25～32 帧中的任意帧，在 "属性" 面板中设置为 "形状" 补间。

　　完成上步，然后将时间轴图层效果调整如图 3-72 所示的效果。

　　完成后，双击该元件空白处，回到 "镜头 7" 元件内，单击 "电话" 元件，在 "属性" 面板中设置该元件属性为 "单帧"。

　　选中 "镜头 7" 两层的第 160 帧，按下【F5】键插入帧。然后选中两层的第 20 帧，按下【F6】键插入关键帧，并选中该元件内两层第 1～19 帧中的任意一帧，在 "属性" 面板中给予 "动画" 补间。

　　单击 "经营项目" 层第 1 帧上的元件，将其拖至舞台上方，并在 "属性" 面板中设置该属性的 "颜色" 的 "Alpha" 值为 "0"。

　　选中 "电话" 层上的第 1～20 帧，将其移至该层的第 50 帧，然后设置该层第 50 帧上元件属性的 "Alpha" 值为 "0"；单击该层第 70 帧上的元件，设置属性为 "播放一次"。此时时间轴效果如图 3-73 所示。

　　完成后，单击 "场景 1" 名称，回到主场景中，单击 "镜头 7" 元件，设置属性为 "播放一次"。

　　完成以上步骤，便完成了 "镜头 7" 的动画，在主场景的时间轴上，删除第 810 帧以后的帧，使用组合键【Ctrl+Enter】发布测试影片，如果有问题继续返回进行修改，没有问题了即可【Ctrl+S】键保存本文件。

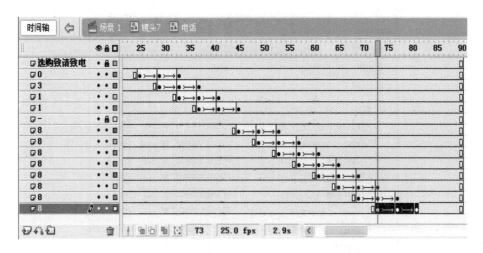

图 3-72

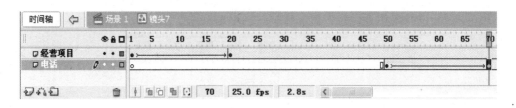

图 3-73

3.5　作品的发布

完成了作品，便可进行相关发布设置，优化作品。

（1）首先使用组合键【Ctrl+L】，打开"库"面板，在库的名称右侧的"切换顺序" 🔲 按钮上单击鼠标右键，在弹出的菜单中，选择"选择未使用项"选项，此时库中没有用的元件成蓝色被选中状态，单击"库"面板下方的"删除" 🗑 按钮将其删除。

（2）选择菜单栏【文件】→【发布设置】命令或快捷键【Ctrl+Shift+F12】。在打开的"发布设置"对话框中即可进行设置，如图 3-74 所示。

（3）发布设置默认勾选 Flash 和 HTML 项，在"类型"可以根据需要发布相关的格式，勾选其他项后，在格式后面会出现其相关内容的选项卡；"文件"下方可以更改该发布文件的名称；单击后面的文件夹 📁，可设置文件所发布的位置。在这里单击"格式"后面的"Flash"选项卡，此时便出现发布 Flash 内容的相关设置，如图 3-75 所示。

（4）在此对话框中可以设置需要设置的选项，例如版本的高低、设置密码防止别人导入、音频质量等。对于 Flash 广告，一般多在媒体和电视上播放，对于声音质量有着比较高的要求，在此，单击"音频流"后面的"设置数据流" 设置... 按钮，此时弹出"声音设置"对话框，如图 3-76 所示。

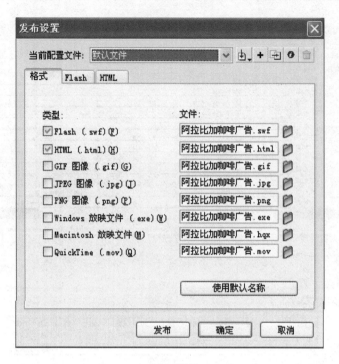

图 3-74

图 3-75

图 3-76

（5）在"声音设置"对话框中，单击"比特率"右侧的下拉按钮，选择"128kbps"，然后将"预处理"对话框取消勾选，单击"确定"按钮。注：比特率值越大，声音质量越高，文件就越大。

（6）单击"音频时间""设置事件" 设置... 按钮，在弹出"声音设置"对话框中，设置与上步骤相同内容。

（7）设置好后，单击"发布"按钮，即可显示如图 3-77 所示的"正在发布"对话框。发布完后，在存储的文件夹内便可看到上面勾选发布类型的文件。

图 3-77

发布完后，单击"确定"按钮，可保存此次的设置，下次打开时还是此次设置的内容，单击"取消"按钮，则不保存此次设置，下次调出此面板时，依然为默认设置。

注：勾选"发布设置"对话框中需要的"类型"选项后，在格式后面的选项卡中会出现该勾选类型的选项卡，单击选项卡便可进行相关内容设置。

第4章　Flash 短片制作

学习目标

◇　掌握 Flash 短片制作的流程。

课前准备

本章通过学习制作一个小短片，来加深巩固 Flash 软件的运用。学习之前可以预览要做的短片，分析制作方法。

4.1　短片详细文案制作

首先准备短片的文案，然后进行如下的脚本设计。

"尴尬之遇"脚本设计					
镜号	画面	配音	镜头	道具	备注
1（4.5s）	男主角带着耳机乘电梯进入百货超市	背景音乐	远景		镜头从上至下移动，并渐变出来
2（2s）	男主角正面向前走	背景音乐	中景		背景由近及远
3（2s）	男踩到樱花耳环一个	背景音乐和踩到耳环音效	特写	耳环	
4（1.5s）	男摔倒动作	背景音乐和男摔倒尖叫	远景		
5（1.5s）	男摔倒后，看到眼前的樱花耳环	背景音乐	中景	耳环	
6（3.5s）	男在超市侧面走着，看到一个贴吧上有寻找耳环的寻物启事	背景音乐	远景		
7（2s）	男想着发一笔意外之财，拿出手机	背景音乐	近景		
8（1.5s）	男拨打失主电话	背景音乐	特写		
9（3s）	女孩跑过来，男色色表情	背景音乐	中景		
10（1.5s）	男想象着女孩会回报男孩浪漫一吻	背景音乐	中景		
11（3.5s）	女孩期待地看着男，男拿出樱花耳环给女孩，耳环却在这时破裂	背景音乐和耳环破裂声	中景		
12（1.5s）	耳环断裂掉地，女脸色大变	背景音乐、耳环断裂和闪电声	近景		
13（2s）	女孩火冒三丈，男逃跑	背景音乐和着火声	中景		渐渐变白

4.2　文档设置及分镜绘制

4.2.1　文档设置

新建一个 Flash 空白文档，设置该属性尺寸为 720×576，帧频为 24fps。

在舞台空白处，单击鼠标右键，在弹出的快捷菜单中选择"标尺"选项。

在标尺处拖出辅助线至舞台边缘，然后根据前面章节的方法制作舞台黑框。效果如图 4-1 所示。

将"图层 1"锁定，单击"插入图层"按钮，将新建的图层更改命名为"分镜"，并将其拖至最下层。

设置完毕，使用组合键【Ctrl+S】将其保存。

图 4-1　　　　　　　　　　　　　　　　　图 4-2

4.2.2　分镜绘制

分镜绘制前首先确定人物形象，如图 4-2 所示。

在上面新建的"分镜"层上，分别插入关键帧绘制分镜，如图 4-3 所示。

分镜绘制完毕，将文件保存。

注：分镜也绘制在纸张上，使用扫描仪等工具将其扫到电脑上，然后导入 Flash 软件进行处理。根据个人喜好和方便自行选择方法。

图 4-3

4.3 Flash 短片所需人物设计

镜头绘制完毕，将要进行的是每个镜头的人物绘制。

锁定"分镜"图层，单击"插入图层"按钮，将新建的图层更改名称为"元件"。

在"元件"层上的第 1 帧，使用工具箱中的各种工具绘制该镜头的人物，如图 4-4 所示。绘制完毕将其转换为图形元件"01"。

在"元件"层上的第 2 帧，使用工具箱中的各种工具绘制该镜头 2 的人物，如图 4-5 所示。绘制完毕将其转换为图形元件"02"。

在"元件"层上的第 3 帧，使用工具箱中的各种工具绘制该镜头 3 的人物，如图 4-6 所示。绘制完毕将其转换为图形元件"03"。

在"元件"层上的第 4 帧，使用工具箱中的各种工具绘制该镜头 4 的人物，如图 4-7 所示。绘制完毕将其转换为图形元件"04"。

在"元件"层上的第 5 帧，使用工具箱中的各种工具绘制该镜头 5 的人物，如图 4-8 所示。绘制完毕将其转换为图形元件"05"。

图 4-4

图 4-5

图 4-6

图 4-7

图 4-8

图 4-9

在"元件"层上的第 6 帧，使用工具箱中的各种工具绘制该镜头 6 的人物，如图 4-9 所示。绘制完毕将其转换为图形元件"06"。

在"元件"层上的第 7 帧，使用工具箱中的各种工具绘制该镜头 7 的人物，如图 4-10 所示。绘制完毕将其转换为图形元件"07"。

在"元件"层上的第 8 帧，使用工具箱中的各种工具绘制该镜头 8 的人物，如图 4-11 所示。绘制完毕将其转换为图形元件"08"。

图 4-10

图 4-11

在"元件"层上的第 9 帧，使用工具箱中的各种工具绘制该镜头 9 的人物，如图 4-12 所示。绘制完毕将其转换为图形元件"09"。

在"元件"层上的第 10 帧，使用工具箱中的各种工具绘制该镜头 10 的人物，如图 4-13 所示。绘制完毕将其转换为图形元件"10"。

图 4-12

图 4-13

在"元件"层上的第 11 帧，使用工具箱中的各种工具绘制该镜头 11 的人物，如图 4-14 所示。绘制完毕将其转换为图形元件"11"。

图 4-14

图 4-15

在"元件"层上的第 12 帧，使用工具箱中的各种工具绘制该镜头 12 的人物，如图 4-15 所示。绘制完毕将其转换为图形元件"12"。

在"元件"层上的第 13 帧，使用工具箱中的各种工具绘制该镜头 13 的人物，如图 4-16 所示。绘制完毕将其转换为图形元件"13"。

图 4-16

人物绘制完毕，将此文件保存。

注：很多大型的动画片，首先会制作很强大的主角形象库，包括人物的各个面、服装等，在以后动画制作中需要时，直接调用库里面的形象即可，非常方便。

4.4　Flash 短片所需背景绘制

人物绘制完毕，将要进行的是每个镜头的场景绘制。

（1）单击"元件"层第 1 帧的"01"元件，进入其编辑状态，双击"图层 1"更改名称为"男"。单击"插入图层"按钮，将其移至最下层，并更改名称为"场景"。使用工具箱中的各种工具绘制如图 4-17 所示的场景。

图 4-17

（2）单击"插入图层"按钮，并将其移至最下层，更改名称为"天花板"。使用【Ctrl+R】组合键导入，将"海底世界"图片导入，并放置在天花板处，如图 4-18 所示。

图 4-18

（3）单击"插入图层"按钮，并将其移至最下层，更改名称为"电梯"。使用工具箱中的各种工具绘制出电梯，如图 4-19 所示。

（4）完成后，双击该元件内的空白处，回到主场景中。双击"元件"层第 2 帧的"02"元件，进入其编辑状态。双击"图层 1"更改名称为"男"。单击"插入图层"按钮，将新建的图层移至最下层，并修改名称为"场景"，在"场景"层上使用工具箱中的各种工具，绘制成如图 4-20 所示的背景。

图 4-19

图 4-20

（5）绘制完毕，双击该元件内的空白处，回到主场景。双击"元件"层第 3 帧的"03"元件，进入其编辑状态。双击"图层 1"更改名称为"脚"，然后单击"插入图层"按钮，将新建的图层移至最下层并更改名称为"樱花耳环"，然后，将"脚"层上的耳环剪切至"樱花耳环"层。

（6）单击"插入图层"按钮，将新建的图层移至最下层，并更改名称为"背景"。在该元件的"背景"层上，导入"背景线"图片，如图 4-21 所示，然后将"背景线"图片转换为图形元件，命名为"03-背景线"。

（7）双击该元件内的空白处，回到出场景。双击"元件"层第4帧的"04"元件，进入其编辑状态。单击"插入图层"按钮，将新建的图层移至最下层并更改名称为"背景"。然后打开"库"面板，在该面板中找到"03-背景线"元件，将其拖拽之"背景"层上。效果如图4-22所示。

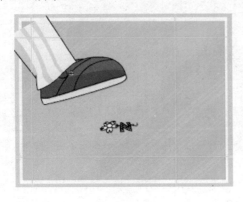

图 4-21　　　　　　　　　　　　　图 4-22

（8）双击该元件内的空白处，回到出场景。双击"元件"层第5帧的"05"元件，进入其编辑状态。将"图层 1"更改名称为"男"。单击"插入图层"按钮，将新建的图层移至最下层并更改名称为"背景"。在该层上绘制一个矩形蓝色背景。如图4-23所示。

（9）双击该元件的空白处，回到主场景。双击"元件"层第6帧的"06"元件，进入其编辑状态。更改"图层 1"名称为"男"，单击"插入图层"按钮，将其移至最下层并更改名称为"场景"，在此层上，使用工具箱中的各种工具绘制该镜头的场景，如图4-24所示。

图 4-23　　　　　　　　　　　　　图 4-24

（10）在"06"元件内单击"插入图层"按钮，将新建的图层移至最上层，并更改名称为"花"，在此层上将前面绘制的花篮复制到此，然后将其转换为影片剪辑元件，并在"滤镜"面板中给予"模糊"效果，如图4-25所示。

（11）双击该元件的空白处，回到主场景，双击"元件"层第7帧的"07"元件，进入其编辑状态。将"图层 1"更改名称为"男"。然后单击"插入图层"按钮，将该新建的图层移至最下面，并更该名称为"场景"。然后将06元件中的背景复制到此"场景"层中，删除不需要的部分，效果如图4-26所示。

图 4-25

图 4-26

（12）绘制完毕，双击该元件内空白处，回到主场景，双击"元件"层第 8 帧的"08"元件，进入其编辑状态。将"图层 1"更改名称为"手机"，然后选中该层图形的"大拇指"，将其【Ctrl+S】剪切，新建一个图层，更改命名为"大拇指"，然后在此层上【Ctrl+Alt+V】粘贴到当前位置。

（13）单击"插入图层"按钮，将新建的图层移至最下层，并更改名称为"地板"。然后在此绘制地板图形，如图 4-27 所示。

（14）双击该元件内空白处，回到主场景，双击"元件"层第 9 帧的"09"元件，进入其编辑状态。将"图层 1"更改名称为"男"，然后剪切该层的女生部分，单击"插入图层"按钮，更改名称为"女"，将剪切的女生部分粘贴到当前位置。

（15）单击"插入图层"按钮，将新建的图层移至最下层，并更改名称为"场景"，在此层上绘制成如图 4-28 所示的场景。

图 4-27

图 4-28

（16）绘制完毕，双击此元件内的空白处，回到主场景。双击"元件"层第 10 帧的"10"元件，进入其编辑状态。将"图层 1"更改名称为"人物"，单击"插入图层"按钮，将新建的图层移至最下层，并修改其名称为"背景"，然后在此层上绘制如图 4-29 所示的背景（绘制一个心形图案后，将其转换为元件，再将其进行复制粘贴）。

（17）单击"插入图层"按钮，将新建的图层重命名为"心"，然后在此层上绘制如图 4-30 所示的心形图案（绘制空心心形图案后，将其转换为影片剪辑元件，在"滤镜"面板中给予发光效果）。

　　　　　图 4-29

　　　　　图 4-30

　　（18）绘制完毕，双击元件内空白处，回到主场景，双击"元件"层第 11 帧的"11"元件，进入其编辑状态。将"图层 1"更改名称为"男"，单击"插入图层"按钮，将其更改名称为"女"，然后将"男"层上的女孩剪切至"女"层上；单击"插入图层"按钮，将其更改名称为"耳环"，然后将"男"层上男拿耳环的手和耳环剪切到"耳环"上；单击"插入图层"按钮，将其更改名称为"拿耳环的手"，然后将"耳环"层上男拿耳环的手剪切到"拿耳环的手"层上；单击"插入图层"按钮，将其移至最下层，并更改名称为"背景"，然后在此层上绘制如图 4-31 所示的背景；再次单击"插入图层"按钮，将其移至"背景"层上面，并更改名称为"花瓣"，在此层上绘制几片粉色花瓣，并将其转换为元件，参见图 4-32。

　　　　　图 4-31

　　　　　图 4-32

　　（19）绘制完毕，双击该元件内的空白处，回到主场景，双击"元件"层第 12 帧的"12"元件，进入其编辑状态。将该元件内的"图层 1"更改名称为"女"，然后剪切耳环和拿耳环的手，单击"插入图层"按钮，更改名称为"耳环"，将先前复制的图形，粘贴到当前位置，然后剪切拿着耳环的手的图形，再次单击"插入图层"按钮，将复制的内容粘贴到该层的当前位置。

　　（20）单击"插入图层"按钮，将新建的图层移至最底层，并更改名称为"背景"，在该层上绘制如图 4-33 所示的图形。然后再次单击"插入图层"按钮，将新建的图层移至"背景"层上面，并将其更改名称为"闪电"，然后【Ctrl+O】打开"闪电"文件，将"闪电"元件导入"尴尬之遇"的"闪电"层上，效果如图 4-34 所示。

图 4-33　　　　　　　　　　　　　　　　图 4-34

（21）绘制完毕，双击此元件内的空白处，回到主场景，双击"元件"层第 13 帧的"13"元件，进入其编辑状态。将"图层 1"元件更改名称为"女"，选中男部分的图形，将其剪切，单击"插入图层"按钮，更改新建的图层名称为"男"，然后将复制的内容粘贴到该图层的当前位置。

（22）单击"插入图层"按钮，将其移至最下层，并更改名称为"背景"，在此层绘制如图 4-35 所示的背景。然后新建一个图层，更改名称为"大火"，使用组合键【Ctrl+O】打开"火"文件，将其"火"元件复制到"尴尬之遇"文件中的"大火"层上，并进行复制调整，如图 4-36 所示。

图 4-35　　　　　　　　　　　　　　　　图 4-36

（23）新建图层，更改名称为"小火"，然后将该层移至"女"层上面，粘贴"火"元件并调整位置和大小如图 4-37 所示。再次新建一个图层，更改名称为"尘烟"将其移至"男"层下面，然后使用组合键【Ctrl+O】打开"尘烟"文件，在其文件中复制"尘烟"元件到"尴尬之遇"的"尘烟"层上，然后调整其位置至男脚下，再次新建图层，将"烟尘"层的第一帧复制到新建的图层上，并调整其位置效果如图 4-38 所示。

制作完毕，即完成场景的绘制。

注：一般短片确定形象和分镜后，由形象设计师和场景设计师分别同时进行分工制作，根据个人擅长制作需要的部分，这样能够很大程度地提高效率。

图 4-37　　　　　　　　　　　　　　　　　　　图 4-38

4.5　短片所需声音素材导入整理

　　人设和场景制作完毕，即可根据脚本需要的声音，寻找声音素材，然后将声音导入文件内。

　　将"尴尬之遇"文件打开，新建一个图层更改名称为"声音"，然后再次新建一个图层，更改名称为"音效"。

　　使用组合键【Ctrl+R】，在弹出的"导入"面板中，选中全部整理好的声音文件，然后单击"打开"按钮，将其全部导入。

　　导入后，单击"声音"层，在"属性"面板的"声音"处选择"背景音乐"，然后将所有层加入帧直至"声音"层的波线完毕。

　　根据前面脚本规格的时间，分别将"元件"层的各个镜头在该层上进行安排：镜头 1 关键帧在该层的第 1 帧、镜头 2 在第 109 帧、镜头 3 在第 159 帧、镜头 4 在第 204 帧、镜头 5 在第 240 帧、镜头 6 在 276 帧、镜头 7 在第 356 帧、镜头 8 在第 414 帧、镜头 9 在第 440 帧、镜头 10 在第 505 帧、镜头 11 在第 553 帧、镜头 12 在第 631 帧、镜头 13 在第 673 帧。

　　安排好镜头后，开始在音效层上添加音效，此步骤也可在全部动画完成后再进行。根据脚本内容，背景音乐添加完毕，接着添加其他音效。首先镜头 3，有踩到耳环音效，分析该镜头，前面动画应该是脚从没有到迈进来，然后踩下，音效应该在后面部分，单击选择"音效"层的第 195 帧，按下【F6】键插入关键帧，在"属性"面板"声音"处选择"滑倒"音效，然后在音效结束处插入空白关键帧。

　　人物踩到耳环要滑倒，紧跟怪叫的声音，所以单击选择上面的空白关键帧上，在"属性"中"声音"处选择"摔倒怪叫"音效，在音效结束处添加空白关键帧。此时时间轴效果如图 4-39 所示。

　　继续选择该层的第 590 帧（第 11 镜头耳环开始出现缝），插入空白关键帧，在"属性"面板"声音"处选择"撕裂"音效。然后在音效结束处插入空白关键帧。

　　选择该层的第 631 帧（第 12 镜头耳环碎掉），插入关键帧，在"属性"面板"声音"处选择"破碎"音效。然后在音效结束处插入空白关键帧。

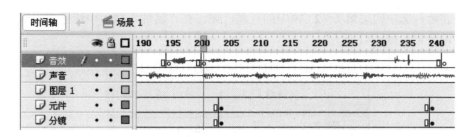

图 4-39

单击"插入图层"按钮，将新建的按钮更改命名为"音效 2"，然后选择该层的第 631 帧（破碎音效），插入关键帧，在"属性"面板中选择"闪电"音效，然后在此音效结束处插入空白关键帧。

单击选择"音效"层的第 673 帧，插入关键帧，在"属性"面板中"声音"处选择"火烧"音效。

完成以上步骤，声音便添加完毕。此时的声音并不是最终版，后面环节还需要根据动画的内容，调整与其同步。

4.6　短片各镜头动画制作

声音添加完毕，即可进行各个镜头的动画制作。

双击镜头 1 的"01"元件，进入其元件内编辑状态。选中"电梯"层上的内容，按下【F8】键，在弹出的"转换为元件"对话框中输入名称为"电梯"，类型选择"图形"，然后单击"确定"按钮即可。

双击"电梯"元件，进入其编辑状态。然后分别将四节电梯分布在四个层上，选中四个层的第 24 帧，按下【F6】键插入关键帧，然后调整其电梯的大小和位置，如图 4-40 所示。

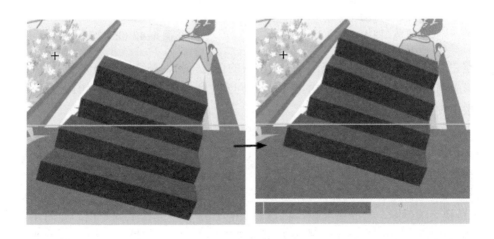

图 4-40

　　调整完后，选中四层第 1~23 帧中的任意一帧，在"属性"面板中给予"形状"补间。此时时间轴效果如图 4-41 所示。

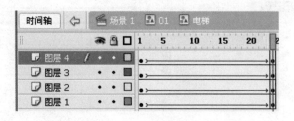

图 4-41

　　单击时间轴上方"01"元件名称处，会回到该元件内，选择该元件内所有层的第 120 帧，按下【F5】键插入关键帧，选中"男"层上的男孩，按下【F8】键，将其转换为图形元件，名称为"01-男"。

　　选择"男"层第 1 帧上的"01-男"元件，将其调整大小及位置如图 4-42（1）所示。然后单击该层第 115 帧，调整该帧内容如图 4-42（2）所示。

图 4-42（1）　　　　　　　　　　　　　　图 4-42（2）

　　调整完后，选择该"男"层第 1~114 帧中的任意一帧，在"属性"面板中给予"动画"补间。形成动画后，双击该元件内的空白处，回到主场景中。单击选择"01"元件，在"属性"面板中设置该元件为"播放一次"。

　　双击第 109 帧的"02"元件，进入其编辑状态。选中"场景"层上的内容，按下【F8】键，将其转换命名为"02-场景"的图形元件；然后选中"男"层上的内容，按下【F8】键将其转换命名为"02-男"的图形元件。

　　选择"02"元件内两层的第 60 帧，按下【F5】键插入帧。然后将"男"层的第 8 帧和第 16 帧转换为关键帧，选择第 8 帧，将该帧上的"02-男"元件上调一点，如图 4-43 所示。然后选择该层第 1~7 帧和第 8~15 帧之间的任意两帧，在"属性"面板中给予"动画"补间。此时时间轴如图 4-44 所示。

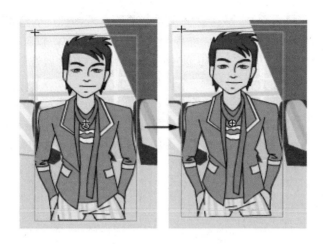

图 4-43

图 4-44

然后选择"男"层的第 1～16 帧，配合【Alt】键进行多次拖动复制，效果如图 4-45 所示。

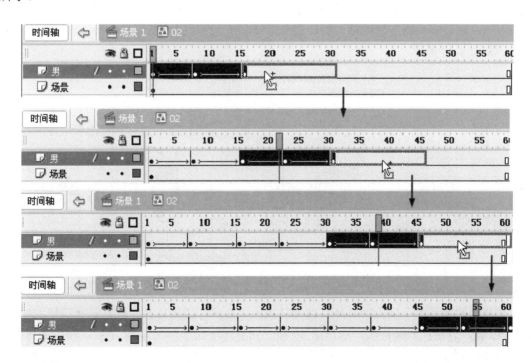

图 4-45

选择"场景"层，单击第 61 帧，按下【F6】键插入关键帧，选择该帧上的"02-场景"元件，使用组合键【Ctrl+Alt+S】，在"缩放与旋转"对话框中，设置缩放为"85%"，单击"确定"按钮。然后选择该层的第 1～60 帧中的任意 1 帧，在"属性"面板中给予"动画"补间。

双击该元件内的空白处，回到主场景，双击时间轴"元件"层上第 156 帧上的"03"元件，进入其编辑状态。双击背景层上的"03-背景线"元件，进入其编辑状态，单击选择第 4 帧，按下【F5】键插入帧，然后单击第 3 帧，按下【F6】键插入关键帧，将此帧上图形移至如图 4-46 所示的位置。

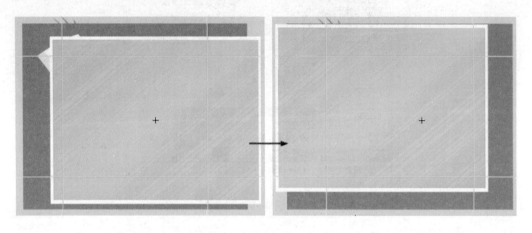

图 4-46

双击该元件内空白处，回到"03"元件内。选择该元件内所有层的第 60 帧，按下【F5】键插入帧。然后将"脚"层的第一帧，拖至第 27 帧，然后逐帧制作脚迈出及落地、滑倒的动作。如图 4-47 所示。

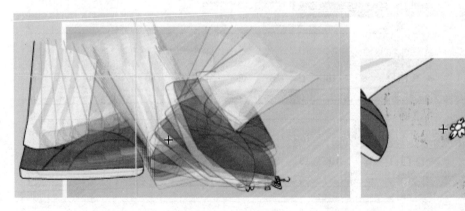

图 4-47   图 4-48

选择"樱花耳环"层上的耳环，将其转换为"耳环"图形元件，然后选择该层的第 43 帧和 49 帧，分别插入关键帧，选择第 49 帧，调整耳环图形至图 4-48 所示。然后选择该层第 43～48 帧中的任意一帧，在"属性"面板中给予"动画"补间，此时时间轴效果如图 4-49 所示。

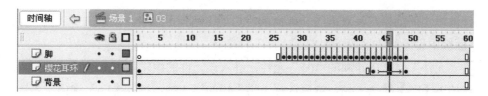

图 4-49

　　单击"插入图层"按钮，将新建的图层移至"脚"层下面，并更改名称为"阴影"，在此层的第 27 帧处插入关键帧，使用【椭圆工具】绘制一个黑色半透明的图形，然后根据脚的变化进行阴影的调整。

　　调整完毕，双击该元件内的空白处，回到主场景。双击"元件"层的第 204 帧的"04"元件，进入其编辑状态。将该元件内男生的各个部位分别转换为元件，然后在单击右键弹出的快捷菜单中选择"分散到图层"选项，删除空白帧的层，时间轴效果如图 4-50 所示。

　　分好之后，单击全部图层的第 35 帧，按下【F5】键插入帧。然后根据需要插入关键帧调整该镜头的动作，如图 4-51 所示。时间轴效果如图 4-52 所示（注：根据自己的感觉反复尝试调整动画效果，不必拘谨于本步骤的示图效果）。

图 4-50

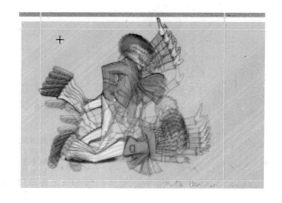

图 4-51

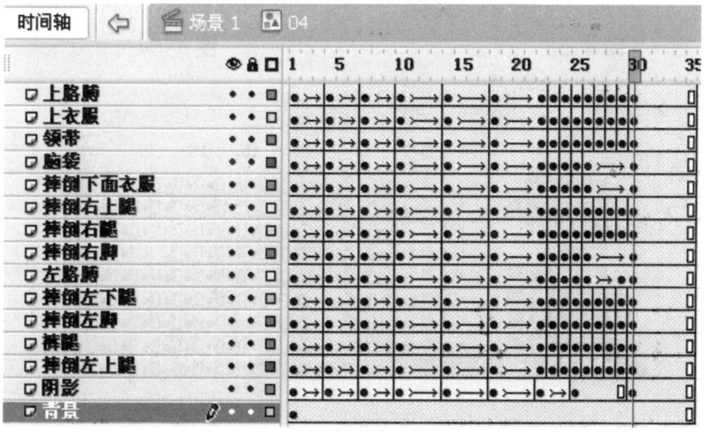

图 4-52

调好该镜头的动作后，双击该元件内的空白处，回到主场景。单击选中"04"元件，在"属性"面板中设置为"播放一次"。

双击"元件"层第 240 帧的"05"元件，进入该元件的编辑状态。选择此元件内两层的第 4 帧，按下【F5】键插入帧，然后选择"男"层的第 3 帧，按下【F6】键插入关键帧，然后将此帧上的图形进行微调，表现出因疼痛而微微抽搐的感觉。

调整好后，双击"05"元件内的空白处，返回主场景。双击"元件"层第 276 帧上的"06元件"进入该元件的编辑状态。选择三层的第 80 帧，按下【F5】键插入帧。选择该元件内"男"层第 77 帧，插入关键帧，然后将该层第 1 帧的男生图形选中移至左边，并将其转换为"06-侧走男"的图形元件。双击"06-侧走男"元件，进入其编辑状态，然后调整男的侧面如图 4-53 所示。

调整完后，分别将其身体各个部分转换为元件，并分散到图层，删除空白帧的层，时间轴如图 4-54 所示。然后分别插入关键帧调整该男走的姿势，时间轴如图 4-55（1）所示，内容如图 4-55（2）所示。

图 4-53

图 4-54

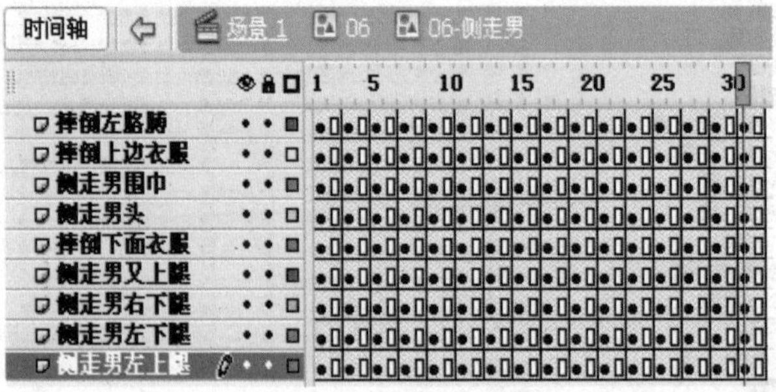

图 4-55（1）

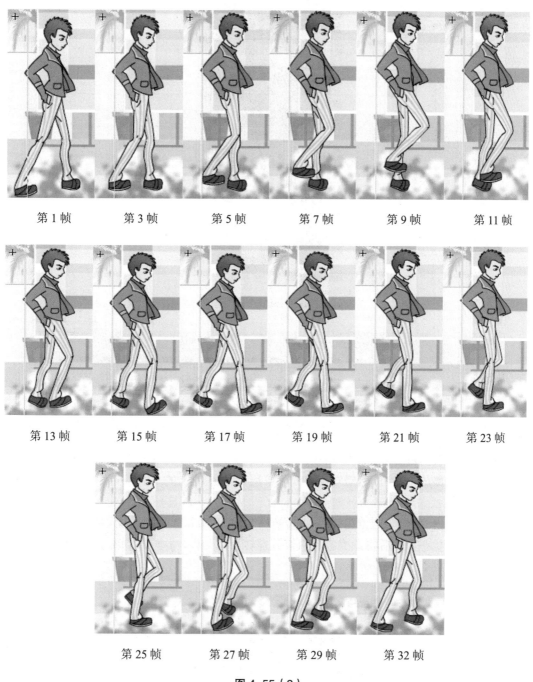

第 1 帧　　　第 3 帧　　　第 5 帧　　　第 7 帧　　　第 9 帧　　　第 11 帧

第 13 帧　　　第 15 帧　　　第 17 帧　　　第 19 帧　　　第 21 帧　　　第 23 帧

第 25 帧　　　第 27 帧　　　第 29 帧　　　第 32 帧

图 4-55（2）

　　调整完人物走的动作后，双击退出此元件，回到"06"元件内，单击选择"男"层的第 64 帧，将此帧上的图形移至和该层第 77 帧上图形相同的位置。然后选择该层第 1～63 帧中的任意一帧，在"属性"面板中给予"动画"补间。

　　单击选中"06"元件内"男"层第 64 帧上的图形，在"属性"面板中设置该属性为"单帧"，右侧输入"1"。然后选择该第 75 帧，插入关键帧，将此层上的元件打散，调整一个扭头动作的过渡帧。如图 4-56（1）所示。调整完后的时间轴如图 4-56（2）所示。

图 4-56（1）

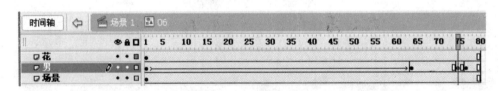

图 4-56（2）

调整完毕，双击该元件内的空白处，回到主场景，单击选中"06"元件，在其"属性"面板中设置为"播放一次"。然后双击"元件"层第 356 帧上的"07"元件，进入其编辑状态。

选中该元件内"男"层上的图形，将其转换名称为"07-男"的图形元件。双击"07-男"进入该元件编辑状态，然后将该男各个部位分别转换为元件，并分散到图层，删除有空白帧的层，时间轴效果如图 4-57 所示。

图 4-57

选择所有层的第 65 帧，按下【F5】键插入帧。选择"奸笑头"和"奸笑身体"的第 6 帧和第 11 帧，插入关键帧，然后调整两层第 6 帧上的图形：头向下微调，身体向上微调。选择该两层第 1～11 帧中的任意帧，在"属性"面板中给予"动画"补间。然后选择该两层的第 1～11 帧配合【Alt】键进行多次拖动复制，如图 4-58 所示。

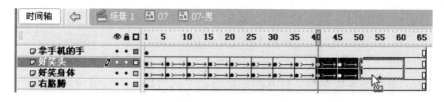

图 4-58

　　选择"拿手机的手"和"右胳膊"的第 10 帧和第 20 帧,插入关键帧。然后将"拿手机的手"图层第 1 帧上的内容删除,选择第 10 帧,将该帧上的手调至舞台下方,如图 4-59 所示。选择"右胳膊"层第 20 帧上的胳膊,将其调整位置如图 4-60 所示。

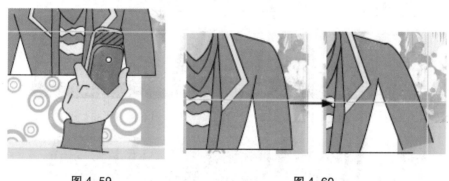

　　　　图 4-59　　　　　　　　　　　　　　　　图 4-60

　　调整完后,选择"拿手机的手"和"右胳膊"图层第 10～19 帧中的任意两帧,在"属性"面板中给予"动画"补间,此时时间轴效果如图 4-61 所示。

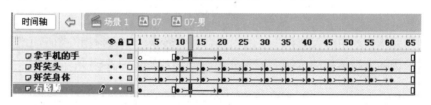

图 4-61

　　双击该元件内空白处,回到"07"元件内,选中两层的第 90 帧,按下【F5】键插入帧。选中"场景"层上的内容,将其转换为"07-场景"图形元件。然后选中此元件内两层的第 40 帧,按下 F6 键插入关键帧。再次选中两层第 1 帧上内容,使用【任意变形工具】将其放特写场景中"急寻"部分的内容。选择"男"层上的第 1 帧,将其拖拽至该层的第 15 帧,再选择"场景"层上的此帧,按下【F6】键插入关键帧,然后选择两层第 15 帧～第 39 帧中的任意帧,在"属性"面板中给予"动画"补间。此时时间轴效果如图 4-62 所示。

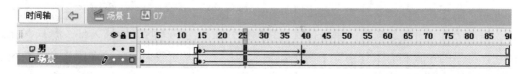

图 4-62

　　双击该元件内空白处，回到场景中，选中"07"元件，在"属性"面板中设置其为"播放一次"。然后双击该"元件"层第 414 帧上的"08"元件，进入其编辑状态。

　　单击"插入图层"按钮，将新建的图层移至"大拇指"层的下方，并更改名称为"号码"。在"号码"层上依次插入关键帧，打入前面出现的手机号码，时间轴和该关键帧内容分别如图 4-63 所示。

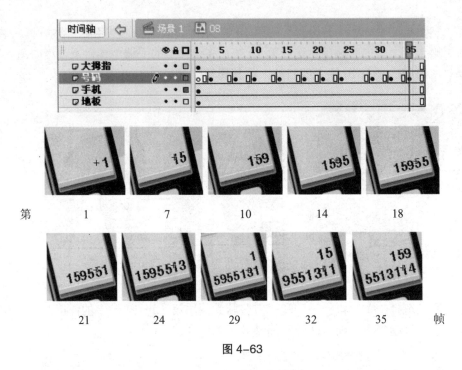

图 4-63

　　号码制作完毕，选中"大拇指"层的内容，将其转换为"大拇指"图形元件。然后根据号码，插入关键帧调整拇指的位置。调整完后时间轴效果如图 4-64 所示。

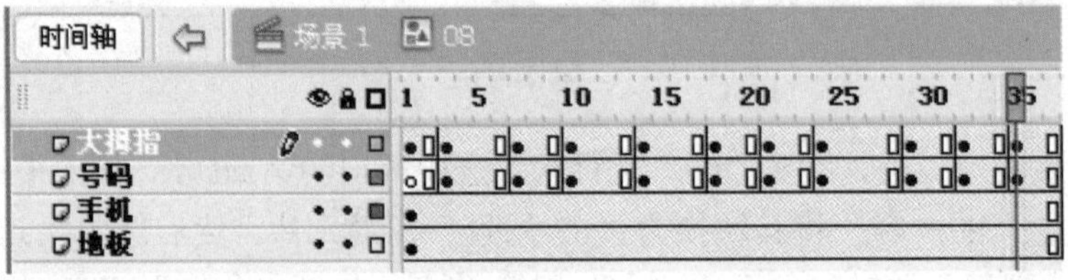

图 4-64

　　完成上步，双击该元件内的空白处，回到主场景中。双击元件层的第 440 帧上的"09"元件进入其编辑状态。

　　选中"男"层上的内容，将其转换为"09-男"图形元件。双击"09-男"元件，进入该元件。更改"图层 1"名称为"男身体"，选中第 7 帧，按下【F5】键插入帧。然后新建两个图层，将男的左眼和右眼分别置于两个新建的两层上，并更改名称为"左眼"和"右眼"。然后选中两层的第 4 帧和第 7 帧，按下【F6】键插入关键帧。然后分别选择两层第 4 帧上的内容，使用组合键【Ctrl+Alt+S】，在弹出的对话框中，设置缩放值为"120%"。然后选中"左眼"和"右眼"两层第 1 帧～第 6 帧中的任意帧,在"属性"面板中给予"形状"补间。

完成上步,双击该元件内的空白处,回到"09"元件中,选择"女"层上的内容,将其转换为"09-女"图形元件。双击"09-女"元件,进入该元件。

将此元件内女生的各个部位进行分组,然后分散到图层,并更改相应名称,此时间轴效果如图 4-65 所示。

图 4-65

然后进行女孩正面跑的动作,在时间轴上插入关键帧,然后调整动作,效果分别如图 4-66(1)和 4-66(2)所示。

绘制完毕,双击该元件内的空白处,回到"09"元件中。选择该元件内所有层的第 90 帧,按下【F5】键插入帧。然后在"女"层第 1 帧,将"09-女"元件调整舞台如图 4-67 所示的位置;单击该层的第 80 帧,按下【F6】键插入关键帧,并调整该图形位置效果如图 4-68 所示。完成后选择该层第 1～79 帧中的任意 1 帧,在"属性"面板中给予"动画"补间。

选中"男"层的第 1 帧,将其拖至第 30 帧,然后选择该层的第 38 帧,按下【F6】键插入关键帧,然后将第 30 帧上的"09-男"元件移至舞台右侧,选择该层第 30～37 帧中的任意一帧,在"属性"面板中给予"动画"补间。

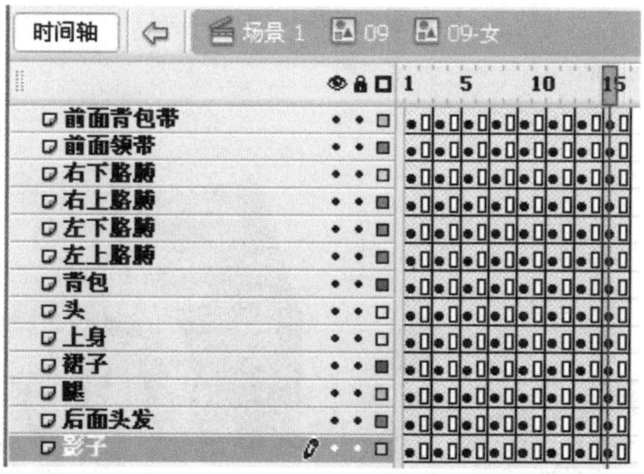

图 4-66(1)

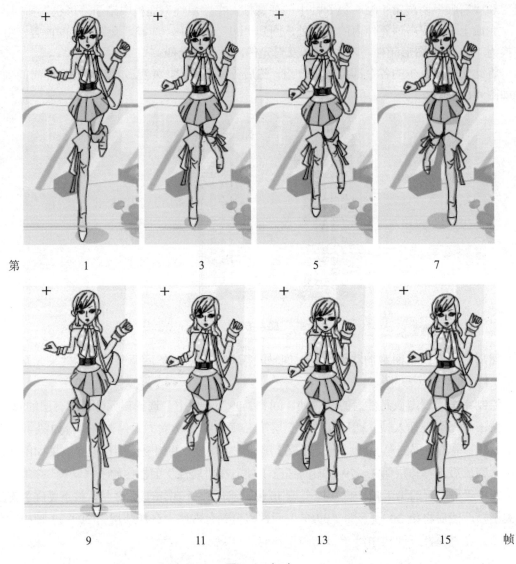

第　　1　　　　　　3　　　　　　5　　　　　　7

　　9　　　　　　11　　　　　　13　　　　　　15　　　帧

图 4-66（2）

图 4-67

图 4-68

完成上步，双击该元件内的空白处，回到主场景。双击"元件"层第 505 帧处的"10"元件，进入该元件的编辑状态。

在"10"元件内，单击"插入图层"按钮，将新建的图层移至"背景"层上方，并更改名称为"星星"。然后将"背景"层上的白色星星剪切到"星星"层上，并选中将其转换为"星星闪"图形元件。然后双击此"星星闪"元件，进入该元件后，选中该元件内"图层 1"的第 12帧，按下【F5】键插入帧，然后选择该层的第 4 帧、第 7 帧和第 10 帧，按下【F6】键插入关键帧，然后分别调整此三帧的星星图形到不同位置。完成后，双击空白处，回到"10"元件。

选中该元件内所有层的第 50 帧，按下【F5】键插入帧。然后选中"人物"层上的内容，将其转换为"10-人物"图形元件，单击选中该层的第 45 帧，按下【F6】键插入关键帧，选中该帧上的内容，调整位置效果如图 4-69 所示。

完成上步，双击该元件内空白处，回到主场景，单击选中"10"元件，在其"属性"面板中设置该元件"播放一次"。然后双击"元件"层第 553 帧处的"11"元件，进入其编辑状态。

选择该元件内所有层的第 80 帧，按下【F5】键插入帧。然后将"拿耳环的手""耳环""女"和"男"层上的内容分别转换为图形元件。选择该四层的第 40 帧，按下【F6】键插入关键帧，然后将四层上的内容向舞台内部移动，如图 4-70 所示。然后选择该四层第 1～39帧中的任意一帧，在"属性"面板中给予"动画"补间。

图 4-69　　　　　　　　　　　　　　图 4-70

单击选择"耳环"层的第 41 帧，按下键盘【F6】键插入关键帧，然后选中该帧上的元件，单击鼠标右键，在弹出的快捷菜单中选择"直接复制元件"选项，单击"确定"按钮。双击该副本元件，进入其编辑状态。选择该元件内的第 40 帧，按下【F5】键插入帧，然后新建一个图层，在该层上绘制耳环裂缝的效果，效果分别如图 4-71 所示。

完成上步，双击该元件内空白处，回到"11"元件内。单击"女"层第 47 帧，选中该帧上的元件，将其打散，然后选中眼睛部分的内容，将其转换为图形元件，然后双击该元件进入内部，将内容分三个层上"眼眶""眼珠"和"眼白"。选中该三层的第 15 帧，按下【F5】键插入关键帧。然后将"眼珠"层上的眼珠转换为元件，选择该层的第 13 帧，按下【F6】键插入关键帧，将眼珠移至眼角，如图 4-72 所示。然后选中该层第 1～12 帧的任意一帧，在"属性"面板中给予"动画"补间。

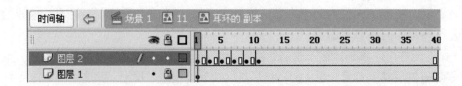

第 1　　　　3　　　　5　　　　7　　　　9　　　　11 帧

图 4-71

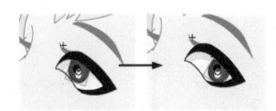

图 4-72

完成后回到"11"元件，双击"花瓣"层上的元件，进入该元件的编辑状态，将花瓣进行分层，然后分别制作从左上角飘落到右下角的动画，时间轴效果如图 4-73 所示（注：根据自己的感觉反复尝试调整动画效果，不必拘谨于本步骤的示图）。

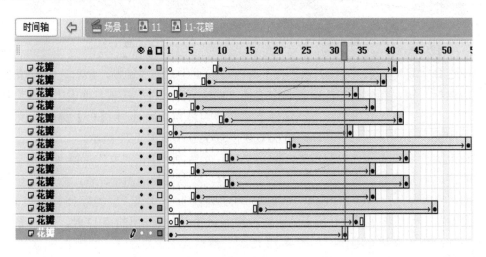

图 4-73

完成上步，双击该元件内的空白处，回到主场景。双击"元件层"第 631 帧上的"12"元件，进入该元件的编辑状态。选中"耳环"层上的内容，按下【F8】键将其转换为"12-耳环碎掉"图形元件，双击进入该元件，将耳环分块，然后分别转换为图形元件，并分散至图层，然后调整制作耳环破碎掉下去的动画，时间轴效果如图 4-74 所示。

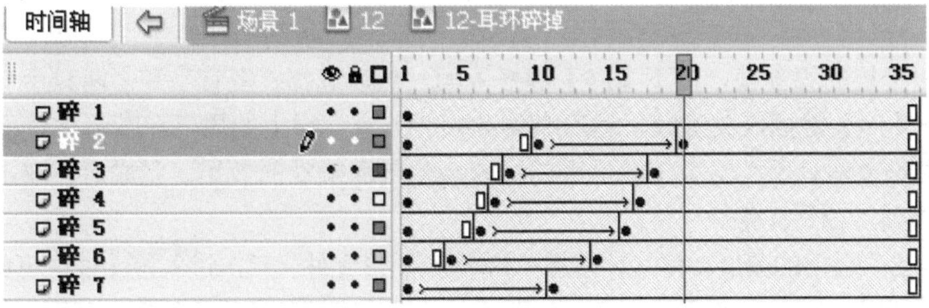

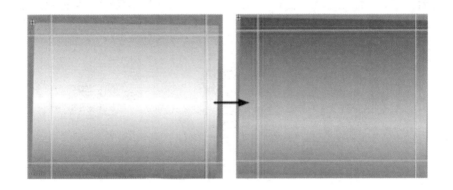

图 4-74

完成后双击该元件内空白处回到"12"元件内。单击"背景"层的第 4 帧，使用【填充变形工具】调整其颜色如图 4-75 所示。调整完后，多次复制该层两个关键帧至效果如图 4-76。

图 4-75

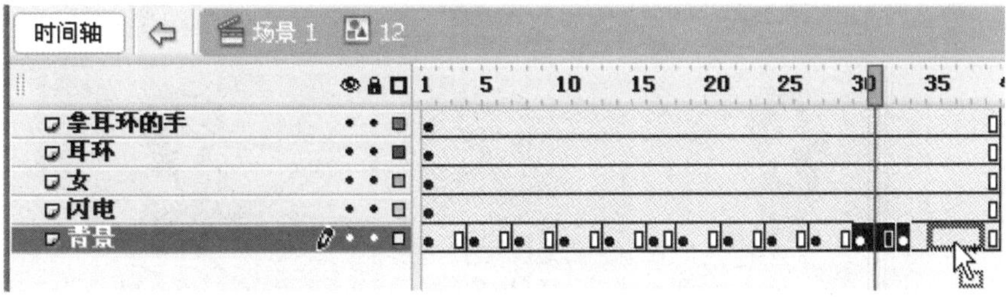

图 4-76

完成上步，双击该元件空白处，回到主场景。双击"元件"层第 673 帧上的"13"元件，进入该元件编辑状态。选择"女"层上的内容，将其转换为"13-女孩生气"的图形元件。双击该元件，进入其内部，将其女孩分为四个内容各分在四个层上，如图 4-77 所示。

图 4-77

选择四个层的第 6 帧，按下【F5】键插入帧，然后选择"五官"和"两只手"两层的第 3 帧，按下【F6】键插入关键帧，然后微调此帧"五官"层上的眉毛和嘴为生气而抽搐的感觉，继续调整"两只手"层第 3 帧上手的位置为生气而颤动的效果。完成后，双击该元件内空白处，回到"13"元件。

选择"男"层上的图形，将其转换为"13-男"图形元件，双击进入该元件，将此元件的内容分为四个图层，如图 4-78 所示。然后分别插入关键帧，调整其跑的动作，如图 4-79 所示。

图 4-78

第 1 帧

第 3 帧

第 5 帧

第 7 帧

第 9 帧

第 11 帧

图 4-79

完成该男跑的动作后，回到"13"元件内，选中所有层的第 60 帧，按下【F5】键插入帧。选中两个"烟尘"和"男"层的第 1 帧，调整该三层元件的位置如图 4-80（1）所示，然后选择该三层的第 60 帧，按下【F6】键插入关键帧，并调整该三层的元件如图 4-80（2）所示。

图 4-80（1）

图 4-80（2）

调整好后，选择两个"烟尘"和"男"层第 1～59 帧中的任意帧，在"属性"面板中给予"动画"补间。此时该元件内的时间轴如图 4-81 所示。

时间轴	⇦	🎬 场景 1　🖸 13

图 4-81

完成后，双击该元件内空白处，回到主场景，单击选择"13"元件，设置其"属性"为"播放一次"。完成此步，便完成了各个镜头的动画制作。

4.7　各镜头动画合成

完成了各个镜头的动画后，将连起来的各个镜头反复播放，查找不连贯的地方进行修改和完善。

单击选择"元件"层的第 25 帧，按下【F6】键插入关键帧，然后将该层第 1 帧的"01"元件向下拖动，然后选择第 1～24 帧中的任意一帧，在"属性"面板给予"动画"补间，此时完成"镜头 1"从上到下的效果。

单击"插入图层"按钮，将新建的图层移至"元件"层的上方，并更改名称为"镜头转换"。然后在"镜头转换"层上，绘制一个覆盖过舞台大小的白色矩形，将其转换为"白色"图形元件，如图 4-82 所示。

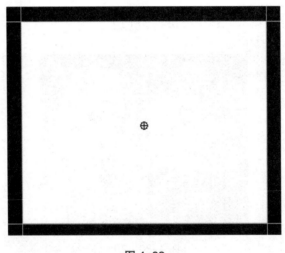

图 4-82

制作好后，单击该层第 10 帧，按下 F6 键插入关键帧，选中该帧上的元件，在"属性"面板的"颜色"处设置其 Alpha 值为 0，然后选择第 1～9 帧的任意一帧，在其"属性"面板中给予"动画"补间。

选择"镜头转换"层的第 99 帧、第 109 帧和第 119 帧，按下【F6】键插入关键帧，然后选中第 109 帧上的元件，在"属性"面板的"颜色"处设置其 Alpha 值为 100，然后选择第 99～118 帧中的任意帧，在"属性"面板中给予"动画"补间。

选择"镜头转换"层的第 99～119 帧，将其复制。选择该层的第 266 帧，单击右键，在弹出的快捷菜单中选择"粘贴帧"选项。继续选择第 430 帧，然后粘贴帧。然后是第 495 帧和第 543 帧，分别粘贴帧。

选择该层的第 712 和第 722 帧，按下【F6】键插入关键帧，选择第 722 帧上的元件，在"属性"面板的"颜色"处设置其 Alpha 值为"0"。然后选择两帧之间的任意帧，在"属性"

面板中给予"动画"补间。然后选择所有层第 722 帧以后帧，将其删除。

选择"分镜"层，然后在其上单击鼠标右键，在弹出的快捷菜单中选择"引导层"选项（引导层在保留在源文件的前提下，测试时不会被显示）。进行到此步，可使用【Enter】键进行预览，有不适的地方进行调节。

4.8　Flash 动画短片后期制作

Flash 短片的后期部分，包括一些特效效果、剪辑及其他视频合成等内容。通常要配合其他软件和一些第三方软件来完成。

通常配合的视频后期软件有 After Effects 和 Premiere。

第三方软件一般包括以下几种：文字特效软件（SwishMAX ， Flax 等）、3D 软件（Swift 3D）和处理软件（photoshop，Fireworks 等）。还有一些破解及加密的软件等，在这里就不一一列举了。

4.9　短片的测试与发布

动画制作完毕，就要将影片导出。前一章的实例学习了"发布设置"的应用。本章节继续学习"导出"的运用。

首先选择菜单栏【文件】→【导出】→【导出影片】命令或快捷键【Ctrl+Alt+Shift+S】，此时会弹出"导出影片"对话框，如图 4-83 所示。

图 4-83

在"保存在"选项中选择要保存的位置；"文件名"右侧可输入需要保存的名称"尴尬之遇"；单击"保存类型"右侧的下拉列表可以选择要保存的格式，如图 4-84 所示。

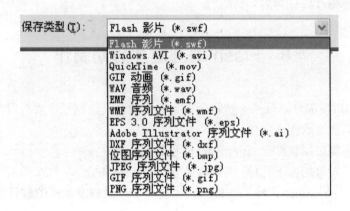

图 4-84

Flash 影片（*.swf）：此为 Flash 创作出自己的特殊档案格式。

Windows AVI（*.avi）：avi 视频格式。

QuickTime（*.mov）：mov 视频格式。

GIF 动画（*.gif）：位图动画格式，用于较小较短的动画，如各种 QQ 表情等。

Wav 音频（*.wav）：导出 Flash 文件中的声音，后缀为.wav 的格式。

EMF 序列（*.emf）：可以保持图形的精度，后缀为.emf 的序列图。

WMF 序列文件（*.wmf）：导出后缀为.wmf 格式的序列图片。

EPS 3.0 序列文件（*.eps）：导出后可被 EPS 3.0 软件编辑使用的序列图片。

Adobe Illustrator 序列文件（*.ai）：导出后可被 AI 软件编辑使用的序列图片。

DXF 序列文件（*.dxf）：导出了可被 AutoCAD 软件编辑使用的序列图片。

位图序列图片（*.bmp）：导出后缀为.bmp 格式的序列位图。

JPEG 序列文件（*.jpg）：导出后缀为.jpg 格式的序列位图。

GIF 序列文件（*.gif）：导出后缀为.gif 格式的序列图片。

PNG 序列文件（*.png）：导出后缀为.png 格式的序列图片。

注：此"导出影片"多为导出动画和序列的内容，若想导出单帧的内容，即可选择【文件】→【导出图片】，在弹出的对话框中选择需要的类型即可。

在"保存类型"处选择"Flash 影片（*.swf)"选项，在弹出如图 4-85 所示的对话框中设置其"音频流"和"音频事件"值为"MP3，128，立体声"。然后单击"确定"按钮。

在"正在导出影片"结束后，便可在前面选择的存储位置处查看刚刚导出的文件。

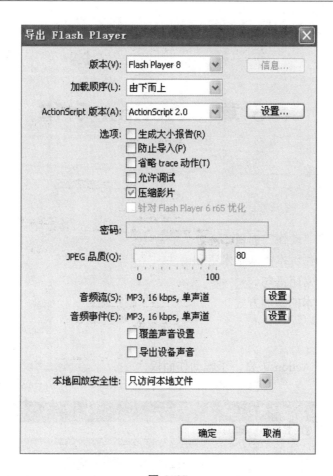

图 4-85

　　注：选择"导出影片"对话框中"保存类型"处的其他选项，便会弹出相关设置的对话框，可根据需要进行设置。

第 5 章　Action 动作

学习目标

✧　认识并熟悉"动作"面板。

✧　熟练掌握动作脚本的基本术语和语法。

✧　掌握变量及常用语句。

✧　掌握动作脚本的添加方式。

课前准备

查找资料，了解 Action 语言，了解动作面板。

5.1　动作脚本基本常识

5.1.1　"动作"面板

1. 打开"动作"面板

选择【窗口】→【动作】命令或【F9】键即可打开如图 5-1 所示的"动作"面板。

图 5-1

2. 动作面板介绍

"动作"面板左侧的列表为动作工具箱，包含了所有动作命令相关的语法。单击 图标，即可打开相关命令，再次单击则会关闭。双击 图标或拖至编辑区，可以添加引用此命令。

动作工具箱下方为当前动作脚本程序代码添加的对象，例如在场景 1 中图层 1 上的第 1 帧添加一个命令，则工具箱下方呈图 5-2 所示。

工具箱如图 5-3 所示的右上部，为编辑工具栏，其按钮为进行命令编辑时相对应的命令。

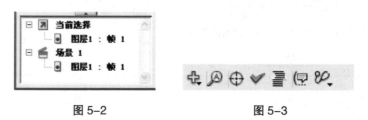

图 5-2　　　　　　　　　　　　　　　图 5-3

编辑工具栏的各工具功能如下：

 （将新项目添加到脚本）：用来添加新的动作。

    （查找）：单击此按钮，即弹出如图 5-4 所示的"查找和替换"对话框，在"查找内容"处输入内容，再单击"查找下一个"按钮即可。

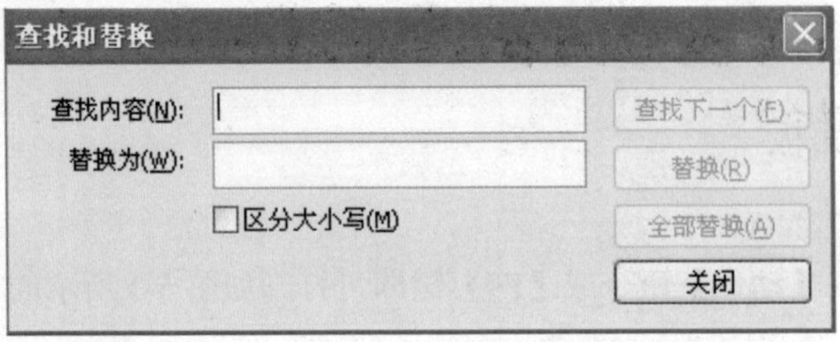

图 5-4

    （插入目标路径）：单击此按钮，即弹出如图 5-5 所示的"插入目标路径"对话框。首先要将动作的地址和名称指定后，才可使用它来控制一个一个电影片段或下载一个动画，这个名称和地址被称为目标路径。

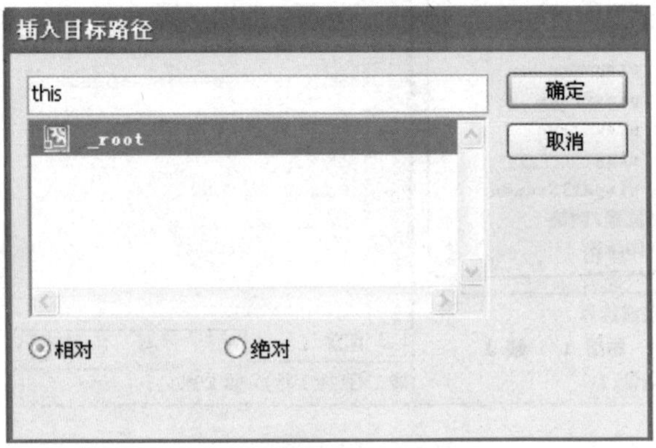

图 5-5

    （语法检查）：首先选中要进行检查的语句，然后单击此按钮，系统会自动检查语句中的语法是否错误，如果选中的语句中有语法错误，则会弹出如图 5-6 所示的"出错提示"框 ，而错误内容会在输出面板中全部列出，如图 5-7 所示。

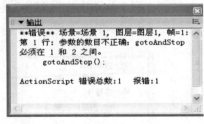

图 5-6   图 5-7

    （自动套用格式）：单击此按钮，Flash CS6 将自动编排已经写好的语言。

    （显示代码提示）：单击此按钮后，系统会在事先已经定位好的某一个动作脚本语句后面显示代码提示内容，如图 5-8 所示。

图 5-8

 （调试选项）：单击其右下角的下拉按钮，选择"设置断点"选项，可以检查动作脚本的语法错误。

 （脚本助手）：单击此按钮，可以在动作面板中显示出当前脚本命令的使用说明，如图 5-9 所示。

图 5-9

5.1.2　常用术语

运用动作脚本前首先了解相关术语及语法等，即可为以后的灵活运用打好基础。

（1）动作：指导 Flash 动画内容在播放时执行的某些操作语句，如"stop"语句表示将停止播放。

（2）参数：也称参量，是指允许将值传递给函数的占位符。

（3）类：用于定义新类型对象的各种数据类型。

（4）常量：是指不变的元素，比较常用。

（5）函数：是可以重复使用和传递参数的代码块，可以返回一个值。

（6）构造函数：用来定义"类"的属性和方法的函数。

（7）表达式：可以产生值的语句，由运算符和操作数组成。

（8）句柄：可以管理事件的特殊动作。

（9）事件：Flash 动画内容在播放的过程中发生的动作。例如影片载入、使用键盘输入或单击按钮等，都会产生不同的事件。

（10）属性：定义某一个对象的属性。

（11）变量：储存了任意数据类型值的标识符。

（12）数据类型：指的是值和可以对这些值执行的动作集合，动作脚本的数据类型包括字符串、数值、逻辑值、对象和影片剪辑等。

（13）标识符：用于表明变量、属性、对象、函数或方法的名称。标识符的第一个字符必须是字母、下划线（_）或美元符号（$），后续字符也必须是字母、数字、下划线或美元记号。

（14）运算符：可以从一个或多个值中计算获得的新值。

（15）方法：指定给对象的函数。在分配函数之后，该函数就可以被称为是该对象的方法。

（16）实例：是属于某类的对象。每个类的实例都包含该类的所有属性和方法。

（17）实例名称：是一个唯一的名称，可以在脚本中作为目标被指定。

（18）对象：是属性和方法的集合。每个对象都有自己的名称和值，对象允许用户访问某些类型的信息。

（19）关键字：具有特殊意义的保留词，是可供动作脚本随意调用的单词。

（20）目标路径：是 Flash 动画中影片剪辑、变量和对象的垂直分层结构地址。

5.1.3　语法和语言基础知识

动作脚本是有语法和标点规则的，这些规则规定了哪些字符和单词可以用来创建和编写脚本。

1. 点语法

在动作脚本中，点（.）用于指定与对象或影片剪辑相关联的属性或方法，还可以用于标识影片剪辑、变量、函数或者对象的目标路径。

点语句是由于在语句中使用了“.”，它是一种基于实例名称对象的语法形式。点语法使用两个特殊的别名：_root 和 _parent。

2. 括号

括号包括了小括号（）和大括号{}两种。

小括号（）：用于放置使用动作时的参数。例如，定义一个函数以及调用函数，要将传递给此函数的所有参数都包含在小括号中，如下所示：

```
gotoAndPlay（1）；
```

大括号{}：动作脚本的程序语句被大括号{}结合在一起，形成一个语句块。大括号{}可以将代码分成不同的块，如下所示：

```
on （release）{
    gotoAndPlay（1）；
}
```

3. 分号

分号用于脚本语句的结束处，表示该语句的结束。如下所示：

```
stop（）;
```

脚本语句都是以分号做结束符号的，若省略或缺少时，Flash CS6 同样可以编译该句。但建议加上分号，以保持一个良好的脚本编写习惯。

4. 关键字

具有特殊含义并可供动作脚本随意调用的单词称为关键字，它们是动作脚本保留的用于特定用途的单词，因此不能将它们用作变量、函数或标签名称，避免造成脚本的混乱。

动作脚本中所有的关键字有：Break、Continue、Delete、Else、For、Function、If、In、New、Return、This、Tupeof、Var、void、while 和 whith。

在动作脚本中，只有关键字是区分大小写的，其他内容是不用区分的。

5. 注释

在动作脚本的编辑过程中，有时为了方便脚本理解和阅读，可以使用 Comment 语句对程序添加注释信息，方法为直接在脚本中输入"//"插入注释，如图 5-10 所示。

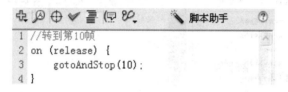

图 5-10

5.1.4 动作脚本中的数据类型

数据类型包括基本数据类型和引用数据类型两种。

基本数据类型：此数据类型都有一个固定的值，因此可以包含它们所代表元素的实例值，如字符串、数字、布尔值等。

引用数据类型：此数据类型的值是可以改变的，所以它们所包含的是对元素实际数值的引用，如影片剪辑和对象。

字符串：是由字母、数字和标点符号组成的字符序列。在动作脚本语名中输入字符串时，应使用单引号或双引号将其括起来。

数字：是一个双精度的浮点型数字。可以使用算术运算符加（+）、减（-）、乘（*）、除（/）、求模（%）、增加（++）和递减（--）来对数字进行运算，也可以使用预定义的数学对象来操作字符。

布尔值：只有 true 和 false 两种值，在需要时也会转换为 1 和 0。经常和逻辑操作符一起使用，用于进行比较和控制一个程序脚本的流向。

影片剪辑：是 Flash 影片中可以播放的动画元件，是唯一可以引用图形元素的数据类型。

对象：是创作 Flash 动画作品的基本元素之一，是属性的集合，每一个属性都有属于自己的名称和值，属性的值可以是任何 Flash 数据类型，也可以是对象数据类型。

5.2　动作脚本的添加方式

动作脚本常用的添加方式有两种：关键帧和按钮上的添加。

5.2.1　在关键帧上添加动作

添加动作到关键帧或空白关键帧上，此层最好为独立一层。

首先在时间轴上选中需要添加动作的关键帧或空白关键帧。

选择【窗口】→【动作】命令或【F9】键将"动作"面板打开。

在"动作"面板右侧的脚本窗口中编辑输入命令，或在左侧的工具箱中双击某个动作命令或语法，即可添加到右侧的编辑窗口中，如图 5-11（1）所示。

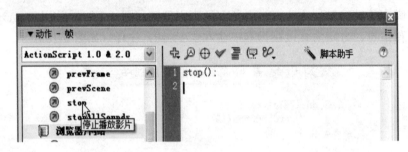

图 5-11（1）

此时可以看到先前被选中的关键帧上出现了"a"，表示此帧上已经成功添加了动作。

5.2.2　在按钮式上添加动作

在欣赏 Flash 动画时，首先要单击播放按钮，才可以播放此动画，这是在按钮上添加了动作脚本语句。

首先随便打开一个前面章节制作的动画文件，然后新建一个图层，将其移至最上层，并修改名称为"as"。

单击选中"as"层第 1 帧，在"动作"面板中的右侧工具箱中找到全局函数→时间轴控制→stop 命令，双击 stop，将此命令添加到编辑窗口中。

然后单击选中"as"层的第 2 帧，按下【F7】键插入空白关键帧。

单击"插入图层"按钮，将新建的图层命名为"按钮"层。然后选择【窗口】→【共用库】→【按钮】命令，在弹出的"库-按钮"面板中，选择一个自己喜欢的按钮，将其拖拽至舞台上。

单击选中此按钮，在"动作"面板中选择"脚本助手"按钮，然后在右侧的动作工具箱中找到"goto"命令，双击此命令添加到编辑窗口，然后在脚本助手的上方的"帧"右侧，更改"1"为"2"。如图 5-11（2）所示。

此时便完成在按钮上添加动作脚本，然后选择"按钮"层第 2 帧，按下【F7】键插入空白关键帧。完成后即可使用组合键【Ctrl+Enter】进行测试预览效果。

图 5-11（2）

在按钮上添加命令，要在 on（）的情况下成立执行，选择 5-11（2）图中 "on（release）" 的内容，此时脚本助手中显示了如图 5-12 所示的选项设置。

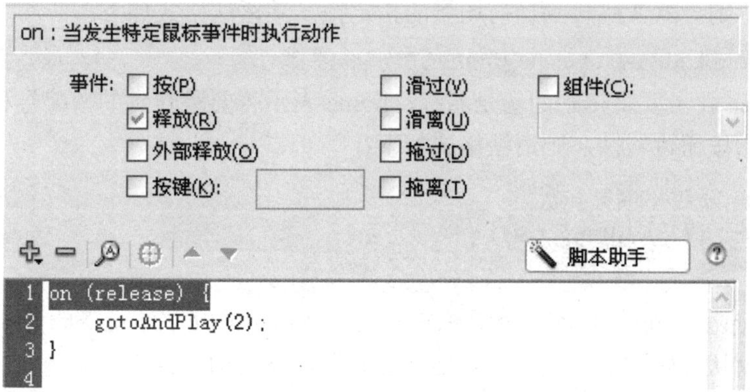

图 5-12

默认情况下勾选 "释放（release）" 的事件类型，其他还有：按（press）、外部释放 （releaseOutside）、按键（keyPress）、滑过（rollOver）、滑离（rollOut）、拖过（dragOver）、脱离（dragOut）和组件。可根据不同的需要进行选择。

5.3　常用语句

5.3.1　Play、Stop、goto 语句

1. 播放语句 Play

当动画停止后，需要 Play 动作才能继续播放。首先制作好要设置播放命令的按钮，将其选中，在 "动作" 面板输入下面内容即可：

```
on （release） {
    play （）；
}
```

2. 停止语句 Stop

默认情况下，Flash 动画是从第一帧开始播放，一直到动画的最后一帧停止。如果需要动画停止在某特定的帧上，可以选择该帧，在动作面板中添加停止语句"stop（）;"即可。

如点击按钮停止，可在舞台上制作好按钮，然后将其选中，在"动作"面板中输入下面内容即可。

```
on （release） {
    stop （）；
}
```

3. 跳转语句 goto

跳转语句有 gotoAndPlay（转到并播放）和 gotoAndStop（转到并停止）两种。

gotoAndPlay（转到并播放）：就是跳转到场景中指定的帧并从此帧开始播放动画，如果没有指定场景，则会默认跳转到当前场景的指定帧。其语法格式如下：

```
gotoAndPlay（[scene,]frame）；
```

其中，scene 表示要跳转到的场景名称，frame 表示将要跳转到的帧编号和帧名称。

如果要点击按钮跳转帧，则语法格式如下：

```
on （release） {
    gotoAndPlay （50）；
}
```

gotoAndStop（转到并停止）：就是跳转到场景中指定的帧并停止播放动画，如果没有指定场景，则会默认跳转到当前场景的指定帧。其语法格式如下：

```
gotoAndStop（[scene,]frame）；
```

如果要点击按钮跳转帧，则语法格式如下：

```
on （release） {
    gotoAndStop （50）；
}
```

5.3.2 条件语句

使用条件语句可以建立执行条件，只有当 if 中设置的条件成立时，才可以继续执行下面的动作。else 语句经常与 if 语句一起使用，因为 else 语句脱离 if 语句后产生不了任何意义。

1. if 语句

if 语句包含一个或多个词语，只当给定的条件得到满足时才执行这些语句。If 语句的语法为：

```
if （condition） {
    statement （s）；
}
```

其中，condition 是指满足的条件；statement（s）是执行的动作。此句表示如果满足 if 后面括号中的条件，就会执行大括号中的动作。

2. else 语句

只有满足了 if 语句中的条件，才能继续执行后面的语句。如果 if 语句的条件不满足时，else 可以解决这个问题。else 主要与 if 连用，当 if 的判断返回 flase 时，else 中的内容将被执行。其语法为：

if （condition）{
statement（s）;
}else{
statement（s）;
}

此语句表示如果满足 if 后面括号中的条件，就会执行 if 后面的语句 statement（s）;，如果没有满足 if 后面括号中的条件，则会执行 else 后面的语句 statement（s）;。

5.3.3　循环语句

循环语句包括多种精炼的类型：while、do… while、for 以及 for-in。前面两种类型有着非常相似的作用，只不过语法不同罢了。for-in 是专门用于对象的循环类型。

1. while

while 语句与 if 语句颇为相似，在条件成立时会重复执行某个动作，在每次循环的末尾，Flash 会重新测试条件是否满足。其语法为：

while （condition）{　statement（s）; }

其中 condition 是指满足的条件，当条件值为 true 时，将执行所包含的语句，否则将会跳出；statement（s）是指满足条件时执行的动作。

2. for

for 循环实际上和 while 循环相同，但它的语法更为复杂一些。但值得注意的是，循环头除了测试表达式之外，还可以同时包含初始化和更新语句。其语法结构如下：

for （init；condition；next）{statement（s）;}

其中 condition 表示循环执行的条件，通常为一个表达式，可以返回 true 或 false 两种结果，循环条件在每次循环之前都会被重新判断一次，当返回 flase 结果时，循环就结束了；next 表示循环变量的变化，通常为一个表达式，控制循环变量的变化常用++或--等符号。Statement 表示循环体。

3. for-in

for-in 语句是专门用于罗列对象所有子项的循环方式。此处的对象可以是影片剪辑或者是由用户自定义的其他对象，而子项是指这些对象的属性、函数、子对象和变量。其语法结构如下：

for （variableiterant in object）{statement（s）;}

其中 variableiterant 表示对象中的子对象；object 为对象名；statement 为循环体。

5.4 "幻灯片"之影片剪辑控制

（1）首先整理 5 张大小相同的图片素材到一个文件夹，然后启动 Flash CS6，新建一个 Flash 空白文档，并保存在整理有 5 张大小相同图片素材所在的文件夹内。

（2）使用工具箱中的【矩形工具】在舞台上绘制一个 450×400 的矩形，绘制好后将其选中按下【F8】键，在弹出的"转换为元件"对话框中，选择类型为"影片剪辑"，注册点为右上点，如图 5-13 所示。然后单击"确定"按钮即可。

图 5-13

（3）选中刚刚转换的影片剪辑元件，使用【任意变形工具】将其缩小并调整位置至如图 5-14 所示。继续选中此影片剪辑元件，在"属性"面板左侧的"实例名称"输入框中，输入字母"mc"，如图 5-15 所示。

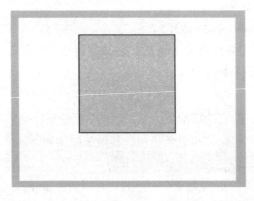 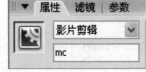

图 5-14   图 5-15

（4）然后单击"插入图层"按钮，将新建的图层更改名称为 as，然后选中此层第 1 帧，在"动作"面板的工具箱中，找到"全局函数"→"浏览器/网络"中的 loadMovie（将 SWF、JPEJ、GIF 或 PNG 从 URL 加载到影片剪辑中）命令，双击此命令，然后在编辑选中此语言，在"脚本助手"中设置如图 5-16 所示的选项。

（5）配合【Ctrl+Alt】键选择"图层 1"的第 15 帧、第 30 帧和第 45 帧，按下【F6】键插入关键帧，然后分别选中设置第 1 帧和第 35 帧上的影片剪辑元件的 Alpha 值为 0，在第 1～14 帧和第 30～44 帧中选择任意两帧，在"属性"面板中给予"动画"补间。此时时间轴效果如图 5-17 所示。

图 5-16

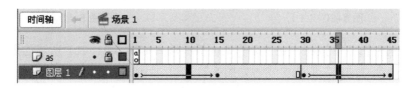

图 5-17

（6）然后复制两层的第 1～45 帧，选择两层第 46 帧，在其上单击鼠标右键，选择"粘贴帧"选项。然后单击第 46 帧的 as 层，在"动作"面板中更改"1.jpg"为"2.jpg"，如图 5-18 所示。

图 5-18

（7）继续选择两层第 91 帧，在其上单击鼠标右键，选择"粘贴帧"选项。然后单击第 91 帧的 as 层，在"动作"面板中更改"1.jpg"为"3.jpg"，如图 5-19 所示。

图 5-19

（8）根据上面方法继续操作，完成第 5 张图片的加载。完成后将此两层锁定，单击"插入图层"按钮，将新建的图层更改名称为按钮。然后制作 1 个按钮，将其拖拽复制出 4 个，并排列顺序，如图 5-20（1）所示。然后在 5 个按钮上方依次输入数字 1、2、3、4 和 5，如图 5-20（2）。

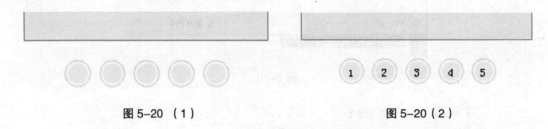

图 5-20（1）　　　　　　　　　　　　　　　图 5-20（2）

（9）单击选中第 1 个按钮，在"动作"面板中输入如图 5-21（1）所示的语言；继续选中第 2 个按钮，在"动作"面板中输入如图 5-21（2）所示的语言；第 3 个按钮，在"动作"面板中输入如图 5-21（3）所示的语言；第 4 个按钮，在"动作"面板中输入如图 5-21（4）所示的语言；第 5 个按钮，在"动作"面板中输入如图 5-21（5）所示的语言。

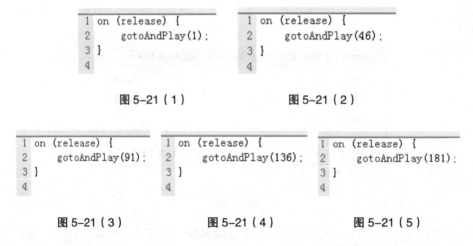

图 5-21（1）　　　　　　图 5-21（2）

图 5-21（3）　　　　　图 5-21（4）　　　　　图 5-21（5）

（10）完成上面步骤，即可使用组合键【Ctrl+Enter】进行测试查看效果。

综合实例 5-1　个人简历

新建一个 Flash 空白文档，在舞台上单击鼠标右键，在快捷菜单中选择"标尺"，然后拖出辅助线如图 5-22 所示。

更改"图层 1"名称为"背景"。选中第 4 帧，按下【F5】键插入帧，然后使用工具箱中的各种工具绘制如图 5-23 所示的背景。后将背景转换为影片剪辑元件，在此元件内制作动画，如花瓣飘撒、阳光旋转和向日葵左右摆动等。

完成背景动画回到主场景，单击"新建图层"按钮，将新建的图层命名为"文字"，在此层上制作如图 5-24 所示的内容。

图 5-22

图 5-23

图 5-24

制作完后，单击"插入图层"按钮，将新建的图层命名为"内容"，然后在此层上制作如图 5-25（1）所示的内容；完成后，单击选择该层第 2 帧，按下【F7】键插入关键帧，继续绘制如图 5-25（2）所示的内容；完成后，单击选择该层第 3 帧，按下【F7】键插入关键帧，继续绘制如图 5-25（3）所示的内容；完成后，单击选择该层第 4 帧，按下【F7】键插入关键帧，继续绘制如图 5-25（4）所示的内容（注：可根据自身的情况来填写内容，不必拘谨于图片内容）。

图 5-25（1）

图 5-25（2）

图 5-25（3）   图 5-25（4）

单击"插入图层"按钮，将新建的图层命名为"按钮"，然后在此层上制作如图 5-26 所示的内容。根据图形的内容，分别将其转化为按钮元件。然后分别编辑四个按钮元件的效果，例如指针经过、按下或添加声音等。

图 5-26

按钮制作好后，单击"插入图层"按钮，将新建的图层命名为"声音"，然后新建一个"声音"影片剪辑元件，在此元件中添加喜欢的背景音乐，设置其"属性"的"同步"为"数据流"，然后插入帧，直至该声波全部出现。完成此影片剪辑内容，回到主场景，在"库"面板中找到此"声音"影片剪辑元件，将其拖拽至"声音"上。

单击"插入图层"按钮，将新建的图层命名为"as"，单击此层第 1 帧，然后打开"动作"面板，在此输入内容"stop（）;"，如图 5-27（1）所示。然后选中此帧，配合 Alt 键，拖动复制到该层的其他 3 帧，此时时间轴效果如图 5-27（2）所示。

 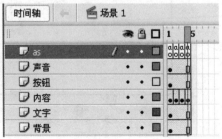

图 5-27（1）   图 5-27（2）

　　完成上面的内容，单击选择"按钮"层上的"主页"按钮，在"动作"面板中，添加内容如图 5-28（1）所示。

　　继续选择该层第 2 个"简介"按钮，在"动作"面板中添加如图 5-28（2）所示的内容；继续选择该层第 3 个"成果"按钮，在"动作"面板中添加如图 5-28（3）所示的内容；继续选择该层第 4 个"联系方式"按钮，在"动作"面板中添加如图 5-28（4）所示的内容。

图 5-28（1）

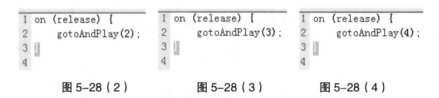

图 5-28（2）　　　　图 5-28（3）　　　　图 5-28（4）

　　完成后，将其保存，即可使用组合键【Ctrl+Enter】测试预览效果了，如图 5-29 所示。

图 5-29

综合实例 5-2   Flash 网站

（1）首先打开 Flash CS6，新建一个 Flash 空白文档。

（2）选择菜单栏【修改】→【文档】命令或快捷键【Ctrl+J】。在弹出的"文档属性"修改尺寸为 1204×530，帧频为 25fps，背景颜色为白灰色，如图 5-30 所示。然后单击"确定"按钮即可。

图 5-30

（3）在舞台空白处，单击鼠标右键，在弹出的快捷菜单中选择"标尺"选项，然后在标尺处，根据需要的版块，拖出辅助线，效果如图 5-31 所示。

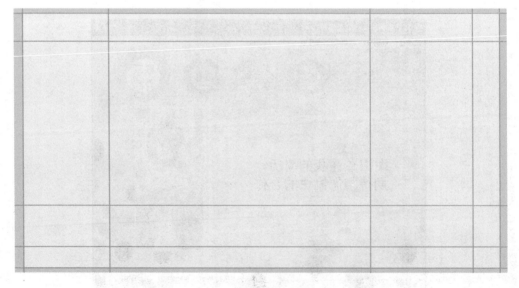

图 5-31

（4）将"图层 1"更改名称为"背景"，然后使用工具箱中的各种工具绘制如图 5-32 所示的背景效果。

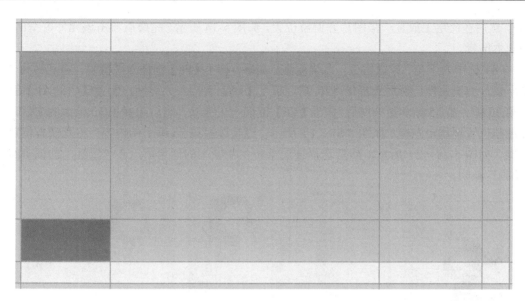

图 5-32

（5）单击"插入图层"按钮，将新建的图层更改名称为"图片、文字"，然后在此层上制作如图 5-33 所示的内容。

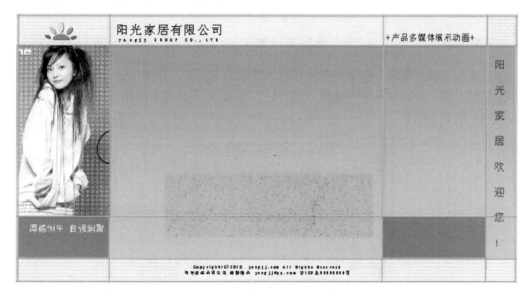

图 5-33

（6）选择上图左侧的图片，按下【F8】键，将其转换名称为"公司示图"的影片剪辑元件。双击该元件进入其编辑状态。更改"图层 1"名称为"女孩"，选择此层第 320 帧，按下【F5】键插入帧。然后选中女孩图片，再次按下【F8】键，将其转换为"女孩"图形元件。配合【Ctrl+Alt】键选择该层第 80 帧、第 160 帧和第 240 帧，按下【F6】键插入关键帧。然后分别将第 80 帧和第 160 帧上的元件，设置"属性"面板"颜色"处的 Alpha 值为"0"。然后选择第 1～79 帧和第 160～239 帧的任意两帧，在"属性"面板中给予"动画"补间。

（7）在该元件内，单击"插入图层"按钮，将新建的图层移至最下层，并更改名称为"家居"，然后在此层上放置一张图片并调整位置，如图 5-34 所示。完成后双击该元件内空白处，回到主场景。

（8）选中右下角"厚德恒生，自强瑞聚"文字，按下【F8】键插入关键帧，将其转为"文字"影片剪辑元件。然后选择第 120 帧，按下【F5】键插入关键帧，配合【Ctrl+Alt】键选择第 30 帧、第 35 帧和第 80 帧，按下【F6】键插入关键帧，然后选择第 30 帧上的文字，将其调整位置至舞台左侧，如图 5-35（1）所示，继续选择第 55 帧上的内容，将其调整位置至右侧，如图 5-35（2）所示。然后选择该层第 1～79 帧上的任意帧，在"属性"面板中给予"动画"补间。

图 5-34　　　　　　　　图 5-35（1）　　　　　　　图 5-35（2）

（9）单击"插入图层"按钮，在此按钮上绘制一个矩形，如图 5-36 所示。然后在该层上单击鼠标右键，在快捷菜单中选择"遮罩层"，此时时间轴效果如图 5-37 所示。完成后，双击舞台，回到主场景。

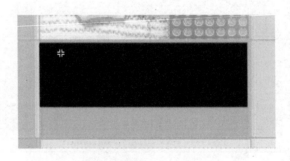

图 5-36

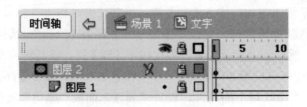

图 5-37

（10）然后选择右侧"阳光家居欢迎您"文字，按下【F8】键将其转换为"欢迎"影片剪辑元件。双击进入该元件，然后选中文字，使用组合键【Ctrl+B】依次将其打散，然后在其上单击鼠标右键选择分散到图层，删除空白层，此时时间轴效果如图 5-38 所示。

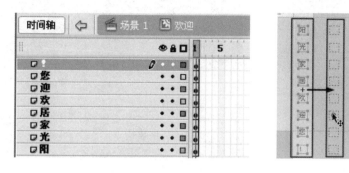

图 5-38　　　　　　　　　　　图 5-39

（11）选择所有层的第 10 帧，按下【F6】键插入关键帧，然后选择所有层第 1 帧上的内容，将其调整位置至舞台右侧，如图 5-39 所示。然后选择所有层第 1～9 帧中的任意 1 帧，在"属性"面板中给予"动画"补间。然后调整时间轴的图层如图 5-40 所示。

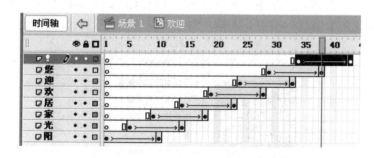

图 5-40

（12）然后选择该元件内所有层的第 80 帧和第 90 帧，按下【F6】键插入关键帧，选择所有层第 90 帧上的内容，调整位置至舞台右侧。然后选择所有层第 80～90 帧中的任意一帧，在"属性"面板中给予动画补间。然后调整时间轴效果如图 5-41 所示。

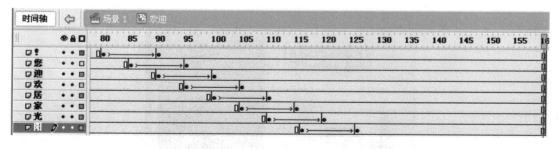

图 5-41

（13）完成后，双击该元件内空白处，回到主场景。单击"插入图层"按钮，将新建的图层更改名称为"按钮"。然后在此层上绘制如图 5-42 所示的图形。绘制好后，分别将其转换为 4 个按钮元件，并分别进入按钮元件制作想要的效果。完成后，选择主场景内所有层的第 4 帧，按下【F5】键插入帧。

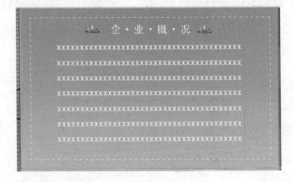

图 5-42   图 5-43

　　（14）单击"插入图层"按钮。将新建的图层更改名称为"主要内容"，然后，在舞台中间制作"企业概况"的内容，如图 5-43 所示；然后单击选择此层第 2 帧，按下【F7】键插入空白关键帧，制作"新闻中心"的内容，如图 5-44 所示；然后单击选择此层第 3 帧，按下【F7】键插入空白关键帧，制作"产品服务"的内容，如图 5-45 所示；然后单击选择此层第 4 帧，按下【F7】键插入空白关键帧，制作"联系我们"的内容，如图 5-46 所示。

图 5-44

图 5-45

图 5-46

（15）完成后，选择"主要内容"层上的内容，按下【F8】键将其转换为"1"影片剪辑
元件。双击进入该元件，单击第 20 帧，按下【F5】键插入关键帧。然后单击"插入图层"
元件，将新建的图层更改名称为"白"，然后在此层上绘制一个正好可以覆盖该元件内容的
白色矩形，如图 5-47 所示，然后选中此矩形，按下【F8】键将其转换名称为"白"的图形元
件，单击选择该层第 15 帧，按下【F6】键插入关键帧，选择该帧上的元件，在"属性"面板
中设置"颜色"的 Alpha 值为"0"。然后选择该层第 1～14 帧中的任意一帧，在"属性"面板
中给予"动画"补间。配合【Ctrl+Alt】键选择该层第 16 帧和第 20 帧，按下【F7】键插入空
白关键帧然后单击选择第 20 帧，打开"动作"面板，在编辑区，输入语言"stop（）;"。

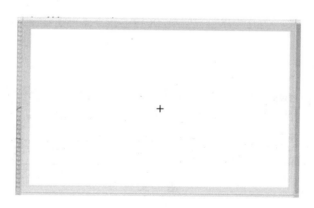

图 5-47

（16）完成上面步骤后，时间轴效果如图 5-48 所示。然后选择"白"层的第 1～20 帧，在
其上单击鼠标右键，在弹出的快捷菜单中选择"复制帧"。双击该元件内空白处，回到主场景。

图 5-48

（17）选择"主要内容"层第 2 帧上的内容，按下【F8】键，将其转换为"2"影片剪辑元件。然后双击进入该元件。将"图层 1"名称更改为"背景"，然后单击"插入图层"按钮，将新建的图层更改名称为"文字、图片"，然后将"背景"层上的文字和图片内容剪切到"文字、图片"层上。再次单击"插入图层"按钮，然后在此层第 1 帧上方单击鼠标右键，在弹出的快捷菜单中选择"粘贴帧"。

（18）单击选择"文字、图片"层第 21 帧，按下【F7】键插入空白关键帧，然后在此层上制作前面第 1 条新闻的内容，如图 5-49（1）；单击选择"文字、图片"层第 22 帧，按下【F7】键插入空白关键帧，然后在此层上制作前面第 2 条新闻的内容，如图 5-49（2）；根据上面两则的方法制作下面至第 8 条的内容。

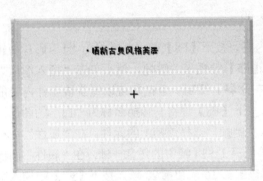
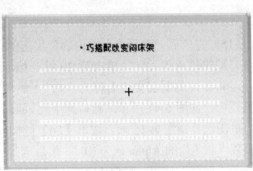

图 5-49（1）　　　　　　　　　　　　　　　图 5-49（2）

（19）完成上面步骤，单击"背景"层第 28 帧，按下【F5】键插入帧。此时的时间轴效果如图 4-50 所示。然后单击"插入图层"按钮，将新建的图层移至"文字、图片"层上方，并更改名称为"按钮"。

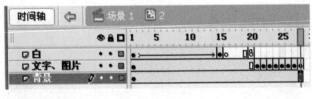

图 5-50

（20）在"按钮"层上制作一个白色矩形，如图 5-51（1）所示。然后选中白色填充图形，单击工具箱下方的"填充色"，在弹出的颜色库上方设置其 Alpha 值为"0"，然后去边上、左和右的线条，效果如图 5-51（2）所示。选中此图形，按下【F8】键，将其转换名称为"文字按钮"的按钮元件。双击进入该元件，对此按钮进行编辑制作出自己喜欢的效果。

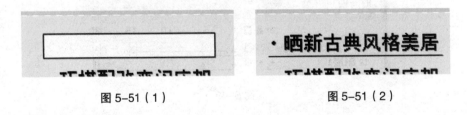

图 5-51（1）　　　　　　　　　　　　　　　图 5-51（2）

（21）制作好效果后，双击回到"2"影片剪辑元件内，配合【Alt】键将"文字按钮"进行多次拖动复制，效果如图 5-52 所示。完成后，单击选择第 1 行上的按钮，在"动作"面板中输入如图 5-53（1）所示的语言内容；然后选择第 2 行上的按钮，在"动作"面板中输入如图 5-53（2）所示的语言内容；然后选择第 3 行上的按钮，在"动作"面板中输入如图 5-53（3）所示的语言内容……然后选择第 8 行上的按钮，在"动作"面板中输入如图 5-53（4）所示的语言内容。

图 5-52

图 5-53（1）　　　　　　图 5-53（2）

图 5-53（3）　　　　　　图 5-53（4）

（22）完成上面内容，单击选择"按钮"层第 21 帧，按下【F7】键插入空白关键帧，然后在此帧上制作如图 5-54 所示的内容："返回"文字和"文字按钮"。然后再单击选择此按钮，在"动作"面板中输入如图 5-55 所示的内容。

图 5-54

图 5-55

（23）完成上面步骤后，此元件内时间轴效果如图 5-56 所示。然后双击该元件内空白处，回到主场景。选择"主要"内容层第三帧上的内容，按下【F8】键将其转换名称为"3"的影片剪辑元件。然后双击进入此元件。

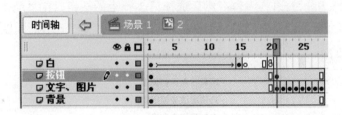

图 5-56

（24）将"图层 1"更改名称为"背景"，单击"插入图层"按钮，并更改新建图层的名称为"图片"。然后将"背景"层上的图片剪切到"图片"层上，并排列其他图片效果如图 5-57 所示。

图 5-57

（25）选中此层上的所有图片，按下【F8】键，将其转换名称为"产品"的图形元件。选择所有图层的第 400 帧，按下【F5】键插入帧，然后选择"图片"层的第 400 帧，按下【F6】键，插入关键帧，并向左调整此帧上图片的位置如图 5-58 所示。

图 5-58

（26）选择"图片"层第 1～399 帧中的任意一帧，在"属性"面板中给予"动画"补间。然后单击"插入图层"按钮，在新建图层第 1 帧上单击鼠标右键，在弹出的快捷菜单中选择"粘贴帧"。然后在该层第 20 帧上单击鼠标右键，在弹出的快捷菜单中选择"清除关键帧"。继续选择该层第 385 帧按下【F7】键插入空白关键帧，在"库"面板中找到"白"元件将其拖拽至舞台，并调整位置正好覆盖该元件"背景"层上的内容。然后单击选择第 400 帧，按下【F6】键插入关键帧。选择第 385 帧上的元件，设置其"属性"的 Alpha 值为"0"，然后选择第 385～399 帧中的任意一帧，在"属性"面板中给予"动画"补间。

（27）单击"插入图层"按钮，将其移至最上方。并更改名称为"遮罩"，然后在此层上绘制一个和"背景"层上同大小的矩形。然后在此层上单击鼠标右键，在弹出的快捷菜单中选择"遮罩"层，然后向上拖动"图片"层使其更改属性为被遮罩层。完成后时间轴效果如图 5-59 所示。

图 5-59

（28）完成上步，双击舞台空白处，回到主场景，选择"主要内容"层第 4 帧上的内容，按下【F8】键，将其转换名称为"4"的影片剪辑元件。然后双击进入该元件，单击"插入图层"按钮，然后在新建层的第 1 帧上单击鼠标右键，在弹出的快捷菜单中选择"粘贴帧"选项，然后选择"图层 1"的第 20 帧，按下【F5】键插入帧。此时该元件内时间轴效果如图 5-60 所示。

图 5-60

（29）完成后，回到主场景，选择"按钮"层最上面的"企业概况"按钮元件，在"动作"面板中输入如图 5-61（1）所示的语言；继续选择第 2 个"新闻中心"按钮，在"动作"面板中输入如图 5-61（2）所示的语言；继续选择第 3 个"产品服务"按钮，在"动作"面板中输入如图 5-61（3）所示的语言；继续选择第 4 个"联系我们"按钮，在"动作"面板中输入如图 5-61（4）所示的语言。

（30）在主场景中，单击"插入图层"按钮，将此层更改名称为"as"，然后单击选择此层第 1 帧，在"动作"面板中输入语言"stop（）;"。

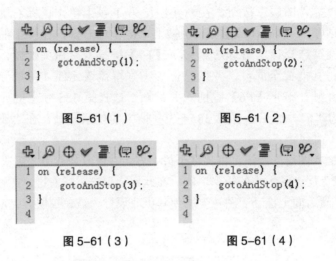

图 5-61（1）   图 5-61（2）

图 5-61（3）   图 5-61（4）

（31）完成以上步骤，便完成了此网页的制作，如果有兴趣可以继续修改添加自己感兴趣的内容。将文件保存，使用组合键【Ctrl+Enter】可进行测试预览，也可在"发布设置"中发布.html 格式查看效果。

第 6 章　Flash CS6 组件实例

学习目标

　◇　熟习"组件"面板。

　◇　熟练掌握 Flash CS6 中常用组件。

课前准备

了解组件，观察生活中的常用组件。

6.1　组件简介

组件又被称为 UI（User Interface Components），即用户界面组件。利用组件可以方便快速地创建一些简单的交互组件，如复选框、下拉列表、单选按钮和滚动窗口等。

在 Flash CS6 中选择菜单栏【窗口】→【组件】命令或快捷键【Ctrl+F7】，即可打开本软件自带的"组件"面板，如图 6-1 所示。

图 6-1

Flash CS6 提供了很多组件来创建交互功能，也可以组合起来实现类似网页中表单的交互界面，简化了交互动画的制作，这些组件包括 Mp3 播放器（MediaPlayback）、单选按钮（RadioButton）、复选框（CheckBox）、按钮（Button）、加载和进度条（ProgressBar）、日历（DateChooser）、滚动窗（ScrollPane）、下拉列表框（ComboBox）和列表框（List）等，下面的章节将逐一进行介绍。

6.2 "Mp3 播放器" 之 MediaPlayback 组件

MediaPlayback 组件不仅可以播放媒体文件，还可以对其播放进行控制。

6.2.1 创建播放器

选择菜单栏【窗口】→【组件】命令或快捷键【Ctrl+F7】，打开组件面板。在组件的 5 种类型中，单击 Media‐Player 6-7 前面的 ■ 按钮，在展开此项列表中，单击 MediaPlayback，如图 6-2（1）所示。然后按住鼠标左键将其拖入到舞台中，即可创建播放器组件，如图 6-2（2）所示。

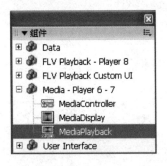

图 6-2（1）

图 6-2（2）

6.2.2 MediaPlayback 组件设置

首先将刚刚创建的播放器选中，打开"属性"面板，单击后面的"参数"标签，此时可以看到"此组件的参数必须用组件检查器来编辑"的说明，单击下面的"启动组件检查器"按钮，即可打开如图 6-3 所示的"组件检查器"面板。

播放器组中各个参数功能如下：

FLV 和 MP3：用来设定载入文件的类型。

Video Length：用来设定视频的长度，只有选中 FLV 格式时，此选项才会显示，且要以后面的 ▢▢▢▢ HH:MM:SS:mm（H 为小时，M 为分钟，S 为秒，m 为毫秒）格式输入。

Milliseconds：勾选此框，后面的 FPS 项将不会显示，此时影片将以 HH:MM:SS:mm 的显示格式播放；若不勾选，将显示后面的 FPS 项，影片将以 HH:MM:SS:FF（F 为每秒帧数）的显示格式播放。

URL：用来输入载入文件的路径和名称，如 "F:\音乐\遇见.mp3"。

Automatically Play：勾选此选项，文件载入后将自动播放。

Use Preferred Media Size：勾选此选项，可以使用组件预设的媒体内容播放尺寸。

Respect Aspect Ratio：勾选此选项，将使用载入媒体的原尺寸。

Control Placement：用来设定播放控制条的位置，包括 Buttom（底部）、Top（顶部）、Left（左边）和 Right（右边）四个选项。

Control Visibility：用来设定播放控制条是否显示，包括 Auto（自动）、On（开启）、Off（关闭）三个选项。

在"组件检查器"面板中选中"MP3"选项，然后在 URL 文本中输入一个 MP3 音乐的链接地址，其他保持默认设置，如图 6-4 所示。

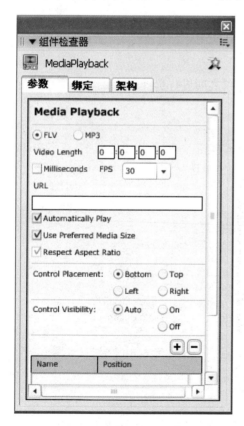

图 6-3

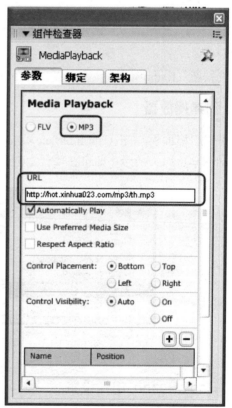

图 6-4

设置完后，使用组合键【Ctrl+Enter】测试预览效果，如图 6-5 所示。

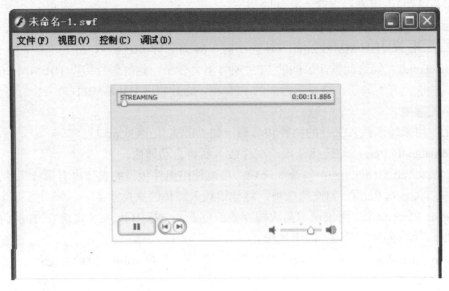

图 6-5

6.3　"单选按钮"之 RadioButton 组件

单选按钮（RadioButton ）用来在对立的选项之间进行选择。

6.3.1　创建播放器

打开"组件"面板，单击 User Interface 项前面 ⊞ 按钮，在展开此项列表中，双击 RadioButton 选项，如图 6-6（1）所示，即可在舞台上创建一个单选按钮，如图 6-6（2）所示。

图 6-6（1）　　　　　　　　　　图 6-6（2）

6.3.2　RadioButton 组件设置

单击选中刚刚创建的单选按钮，打开"属性"面板，单击"参数"标签，此时可在如图 6-7 所示的面板中设置单选按钮的参数。

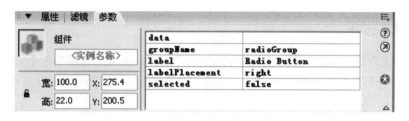

图 6-7

单选按钮的参数功能如下：

date（数据）：字符数组。单选按钮处于被选中状态时，可以使用该值。

groupName（组名）：为一组单选按钮设置名称。在拥有相同组名的单选按钮中，同时只能有一个被选中。在组件参数面板中单击"值"列即可设置组名。

label：设置按钮上的文本值，例如单击后面输入"男"，此时，按钮名称即可显示"男"，如图 6-8 所示。

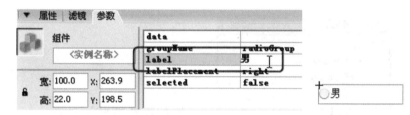

图 6-8

labelPlacement（标签位置）：指定标签在单选按钮中出现的位置，包括 Buttom（底部）、Top（顶部）、Left（左边）和 Right（右边）四个选项。

selected：用来指定单选按钮的初始状态，包括 true（选中）和 false（未选中）两种状态。

在"组件"面板中再次双击 RadioButton 选项，再次创建一个单选按钮，将其调整到合适位置，打开"属性"面板，在"参数"中设 label 选项，在后面输入"女"。然后使用组合键【Ctrl+Enter】测试预览效果，如图 6-9 所示。

图 6-9

6.4 "复选框"之 CheckBox 组件

复选框是可以被选中也可以被取消的按钮，多用于多选题。

6.4.1　创建复选框

首先使用组合键【Ctrl+N】新建一个 Flash 空白文档，使用工具箱中的【文本工具】（T），在舞台上创建一个静态文本框输入文字"您都喜欢哪些运动？"如图 6-10 所示。

您都喜欢哪些运动？

图 6-10

然后选择【窗口】→【组件】命令或快捷键【Ctrl+F7】打开"组件"面板。

在打开的"组件"面板中，单击 User Interface 项前面⊞按钮，在展开此项列表中，双击 CheckBox 选项，如图 6-11（1）所示，即可在舞台上创建一个复选框，如图 6-11（2）所示。

图 6-11（1） 　　　　　　　　图 6-11（2）

重复双击 CheckBox 选项，创建多个复选框，并调整位置如图 6-12 所示。

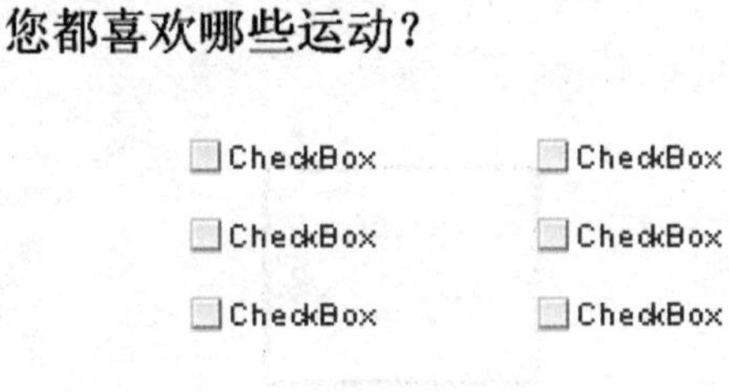

您都喜欢哪些运动？

图 6-12

6.4.2　复选框组件设置

选中刚刚创建的复选框中的任意一个，单击"属性"面板中的"参数"标签，此时便可在此面板中设置复选框的参数，如图 6-13 所示。

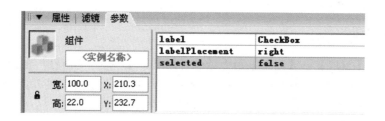

图 6-13

此复选框组件的参数功能如下：

label（标签）：用来设置显示在复选框右侧的名称。

labelPlacement（标签位置）：用来指定标签在复选框中出现的位置，包括 left（左边）、right（右边）、top（顶部）和 buttom（底部）四个选项。

selected（初始值）：用来指定复选框的初始状态，包括 true（选中）和 flase（未选中）两种。

在 lable 右侧的文本框中输入"跑步"，labelPlacement 右侧为默认"right"，在 selected 右侧选择"flase"，如图 6-14（1）所示。

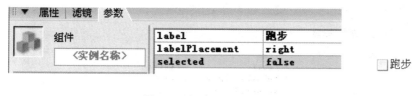

图 6-14（1）　　　　　　　　　　　　　　图 6-14（2）

设置完成后，可以看到舞台上刚刚被设置的复选框如图 6-14（2）所示。

根据上面方法，对其他复选框也进行参数设置，最终效果如图 6-15 所示。

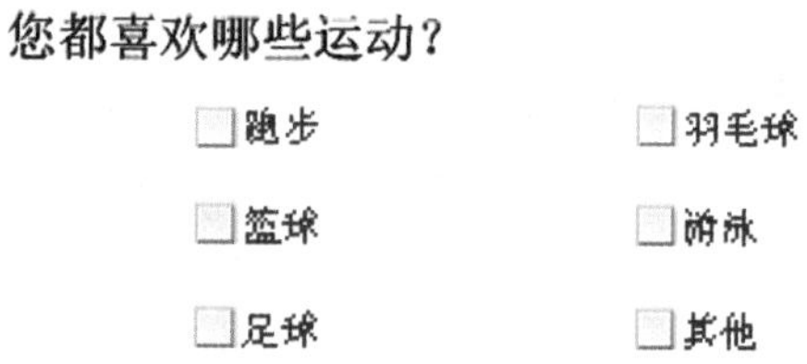

您都喜欢哪些运动？

☐跑步　　　　☐羽毛球

☐篮球　　　　☐游泳

☐足球　　　　☐其他

图 6-15

全部完成后，即可使用组合键【Ctrl+Enter】测试预览了。

6.5　"按钮"之 Button 组件

按钮组件，用来捕捉鼠标的点击动作。

6.5.1　创建按钮

选择菜单栏【窗口】→【组件】命令或快捷键【F7】，打开"组件"面板。

在打开的"组件"面板中，单击 User Interface 项前面⊞按钮，在展开此项列表中，双击Button，如图 6-16（1）所示，即可在舞台上创建一个复选框，如图 6-16（2）所示。

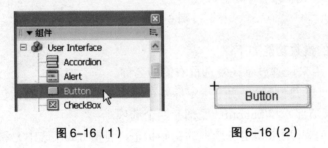

图 6-16（1）　　　　　　　　　　图 6-16（2）

6.5.2　按钮组件设置

选中舞台中刚刚新建的 Button 按钮，在其"属性"面板中单击"参数"标签，然后可以在弹出的"参数"面板中设置参数，如图 6-17 所示。

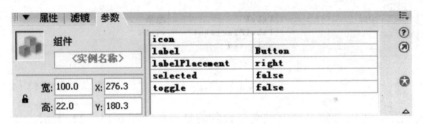

图 6-17

该面板中参数功能分别如下：

icon（图标）：可以为按钮添加自定义图标。

label（标签）：可以用来设置按钮上显示的名称，即指定按钮的操作功能，如图 6-18所示。

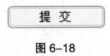

图 6-18

labelPlacement（标签位置）：指定按钮名称在按钮上相对于图标显示的位置，包括 left（左边）、right（右边）、top（顶部）和 buttom（底部）四个选项。若没有图标，则该按钮名称将始终显示在按钮中间位置。

selected：指定按钮的初始状态，包括 true（选中）和 flase（未选中）两种。

toggle：包括了 true 和 false 两个值。true：表示单击一次改变一个状态，再次单击则显示初始状态。false：表示只有在鼠标经过时才改变按钮状态，当鼠标离开后，按钮恢复到初始状态。

　　选择菜单栏【窗口】→【组件检查器】命令或快捷键【Alt+F7】，在弹出的如图 6-19 所示的"组件检查器"面板中可以看到还有以下几个按钮参数：

　　enabled：用来设定按钮的使用状态，同样包括了 true 和 false 两个值。true：表示按钮处于可用状态，如图 6-20（1）；false：表示按钮处于不可用状态，如图 6-20（2）。

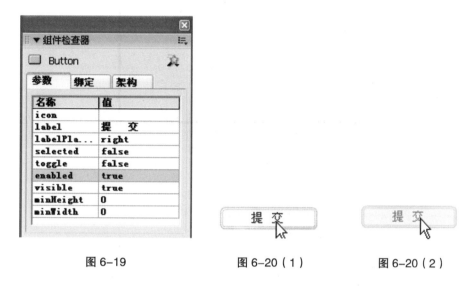

图 6-19　　　　　图 6-20（1）　　　　　图 6-20（2）

　　visible：用来设定按钮的显示状态。true：按钮可以显示；false：按钮不可以显示。
　　minHeight：设置按钮显示的最小高度值。
　　minWidth：设置按钮显示的最小宽度值。

6.6　"加载和进度条"之 ProgressBar 组件

　　进度条按钮多用于加载动画文件或图片等内容。其使用方法的操作过程如下：

　　（1）首先使用组合键【Ctrl+N】新建一个 Flash 空白文档，然后按快捷键【Ctrl+S】，在弹出的"另存为"对话框中，选择需要保存的位置，命名为"加载进度条"。

　　（2）选择上面文件保存的位置，在其所在的文件夹内放置一张图片，并命名为 1.jpg。

　　（3）回到 Flash 操作界面，使用组合键【Ctrl+F7】调出"组件"面板。双击 User Interface 选项，在弹出的子列表中，双击 loder（加载图片）选项，此时舞台上出现一个加载图片的按钮，使用工具箱中的【任意变形工具】（Q）将此按钮调大，如图 6-21 所示。

　　（4）使用【选择工具】（V）将此按钮选中，打开"属性"面板，选择"参数"标签，在其面板 contentPath（文本路径）选项后面的文本框中，输入要加载图片的名称"1.jpg"。且在组建下方的实例名称处输入"a"，如图 6-22 所示。

　　（5）然后在"组件"面板中双击 ProgressBar 选项，此时舞台上新建了一个加载进度条，使用【任意变形工具】（Q）将其拖长，并调整位置如图 6-23 所示。

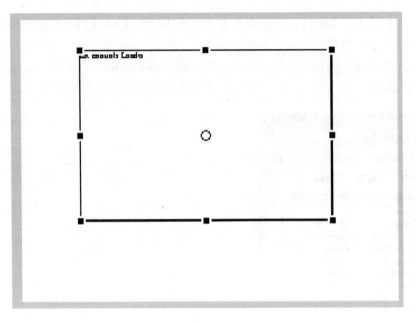

图 6–21

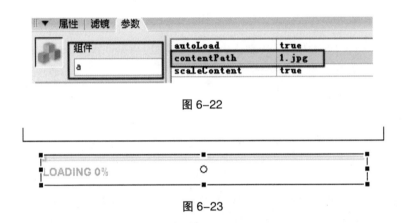

图 6–22

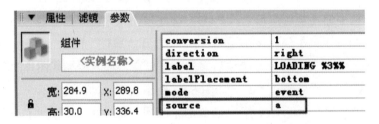

图 6–23

（6）使用【选择工具】（V）将此按钮选中，打开"属性"面板，选择"参数"标签，在其面板的 source 选项后面的文本框中输入要加载的实例名称，在此输入我们前面设置的实例名称"a"，此时如图 6-24 所示。

（7）设置完毕，即可使用组合键【Ctrl+Enter】测试预览加载效果了。

图 6–24

6.7　"日历"之组件 DateChooser 组件

日历组件，也是经常看到的常用组件之一。

6.7.1　创建"日历"

首先使用组合键【Ctrl+F7】打开"组件"面板，双击 User Interface 子列表下的 DateChooser 选项，在舞台上创建了一个"日历"组件，如图 6-25 所示。

图 6-25

6.7.2　"日历"参数设置

单击选中刚刚创建的"日历"组件，打开"属性"面板，选择"参数"标签，此面板如图 6-26 所示。

图 6-26

此面板各个参数功能如下：

dayNames：用来设置一周 7 天的名称，双击其右侧可弹出如图 6-27 所示的"值"对话框。在"0、1、2、3、4、5、6"后面可以直接进行修改，如图 6-28 依次改为"日、一、二、三、四、五、六"后，单击"确定"按钮，此时舞台上的日历也相应进行了更改。

 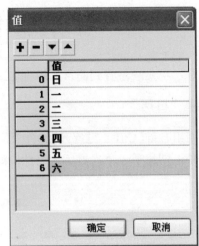

图 6–27   图 6–28

    disabledDays：选择此项，然后双击后面在弹出的"值"对话框中，按下 **+** 可以添加值，例如在新添加后面输入"0"，然后单击"确定"按钮，可以看到舞台上的日历，属于 0（日）竖排的数值变成了灰色。

    firstDayofWeek：可在此设置日历第一竖排的数值。

    monthNames：可在此设置年月的表示名称，例如在此全部一次相应更改为中文月份后，单击"确定"按钮，舞台中的日历也会相应更改。如图 6-29 所示。

图 6–29

    showToday：用来显示当今的日期，包括 true（标记当今日期）和 false（不标记当今日期）两个选项。

    设置好以上选项即可使用组合键【Ctrl+Enter】测试预览日历效果了。

6.8　"滚动窗格"之 ScrollPane 组件

滚动窗组件，就是带有水平或垂直滚动条的窗口，用来显示比较大的文件。

6.8.1　创建滚动窗格

首先使用组合键【Ctrl+N】新建一个 Flash 空白文档，然后选择菜单栏【文件】→【保存】命令或快捷键【Ctrl+S】，在弹出的"另存为"对话框中，选择带有名称为"1.jpg"的文件夹（若没有，提前准备一张图片将其放入更改命名），然后设置好名称后，单击"确定"按钮。

选择【窗口】→【组件】命令或快捷键【Ctrl+F7】，打开"组件"面板，双击 User Interface 子列表下的 ScrollPane 选项，在舞台（工作区域）上创建了一个"滚动窗格"组件，使用工具箱中的【任意变形工具】（Q）调整其变大，如图 6-30 所示。

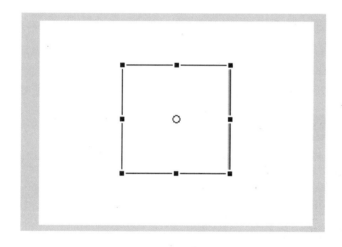

图 6-30

6.8.2　设置滚动窗格

回到【选择工具】（V）单击选中此滚动窗格，然后打开"属性"面板，选择"参数"标签，可以看到其参数，如图 6-31 所示。

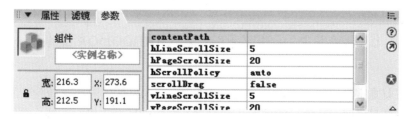

图 6-31

该滚动窗组件各参数功能如下：

contentPath（文本路径）：用来输入对象的名称。在此输入"1.jpg"。

hLineScrollSize：设施水平滚动条的长度。

hPageScrollSize：设置水平页面的长度。

hScrollPolicy：用来设定水平滚动条，包括了 Auto（自动根据显示内容的大小来决定是否使用滚动条）、True（无论显示内容大小，都会显示滚动条）、False（无论显示内容大小，都不显示滚动条）和 ScrollDrag（用来指定是否允许用户在滚动条中滚动内容）四个选项。

vLineScrollSize：用来设定每次按下滚动条两端的上下按钮时，垂直移动的单位数，默认为 5。

vPageScrollSize：用来指定每次按下滑条轨道时，其移动单位，默认值为 20。

vScrollPolicy：用来设定是否显示垂直滚动条，包括 on（显示）、off（不显示）和 Auto（自动）3 个选项。

选择菜单栏【窗口】→【组件检查器】命令或快捷键【Alt+F7】，在弹出的如图 6-32 所示的"组件检查器"面板中可以看到还有以下几个按钮参数：

enabled：指定滚动条是否生效。包括 true（生效）和 false（不生效）两个选项。

visible：指定滚动条是否可见。包括 true（可见）和 false（不可见）两个选项。

minHeight：设置滚动窗的最小高度值。

minWidth：设置滚动窗的最小宽度值。

设置需要的内容后，按下【Ctrl+Enter】组合键即可进行测试预览效果了，如图 6-33。

图 6-32   图 6-33

6.9　"下拉列表框"之 ComboBox 组件

下拉列表就是常见的通过下拉菜单作出选择的组件。包括了静态下拉列表和可编辑下拉列表两种。静态下拉列表是可以滚动的下拉列表，直接在列表中进行选择；可编辑下拉列表除了可以在下拉列表中进行选择外，还可以直接在输入框中输入文字，下拉列表会自动滚到与输入文字相符合的选项位置。

6.9.1　创建下拉列表

首先使用组合键【Ctrl+N】新建一个 Flash 空白文档，使用工具箱中的【文本工具】(T)，在舞台上创建一个静态文本框输入文字"您的最高学历为："如图 6-34 所示。

您的最高学历为：

图 6-34

然后选择【窗口】→【组件】命令或快捷键【Ctrl+F7】打开"组件"面板。

在打开的"组件"面板中，单击 User Interface 项前面田按钮，在展开此项列表中，双击 ComboBox 选项，如图 6-35（1）所示，即可在舞台上创建一个复选框，如图 6-35（2）所示。

图 6-35（1）　　　　　　　　　图 6-35（2）

6.9.2　下拉列表框的"参数"面板

选中下拉列表框组件，在"属性"面板中选择"参数"标签，在弹出的如图 6-36 所示的"参数"面板中可以进行设置。

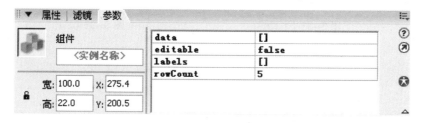

图 6-36

此面板参数功能分别如下：

date：将一个数据值与下拉列表框组件中每一项相关联。

editable：指定是否在下拉列表框中输入文本，包括 true（可输入）和 false（不可输入）两个选项。

labels：在下拉列表组件中输入文本数组，所填内容与 Date 一致。

rowCount：设置下拉列表中最多可显示的项数，默认为 5。

双击"参数"面板中 labels 右侧的文本框，在弹出的如图 6-37（1）所示的"值"对话框中，多次单击 按钮添加选项，并双击修改选项如图 6-37（2）所示。

图 6-37（1）   图 6-37（2）

设置完毕，单击"确定"按钮，即可创建下拉列表，如图 6-38（1）所示；按下【Ctrl+Enter】组合键进行测试，预览效果如图 6-38（2）。

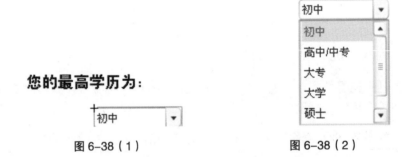

图 6-38（1）   图 6-38（2）

6.10   "列表框"之 List 组件

列表框组件是一个可以滚动的单选或多选列表框。

6.10.1 创建列表框

首先使用组合键【Ctrl+N】新建一个 Flash 空白文档，使用工具箱中的【文本工具】（T），在舞台上创建一个静态文本框输入文字"您都喜欢吃哪些水果？"如图 6-39 所示。

您都喜欢吃哪些水果？

图 6-39

然后选择【窗口】→【组件】命令或快捷键【Ctrl+F7】打开"组件"面板。

在打开的"组件"面板中，单击 User Interface 项前面⊞按钮，在展开此项列表中，双击 List 选项，如图 6-40（1）所示，即可在舞台（工作区域）创建一个复选框，如图 6-40（2）所示。

图 6-40（1）　　　　　　图 6-40（2）

6.10.2　设置列表框

选中列表框组件，在"属性"面板中选择"参数"标签，在弹出的如图 6-41 所示的"参数"面板中可以进行设置。

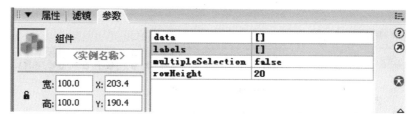

图 6-41

此面板参数功能分别如下：

date：与标签中选项一一对应的数组。

labels：在后面的双击后弹出的"值"对话框中设置列表中需要显示的内容，要与 date 项所填内容一致。

multipleSelection：设定是否可以多选。包括 true（可同时进行多选）和 false（不可同时进行多选）两个选项。

rowHeight：用来设置每行选项的显示高度。

双击"参数"面板中 date 右侧的文本框，在弹出的如图 6-42（1）所示的"值"对话框中，多次单击➕按钮添加选项，并双击修改选项如图 6-42（2）所示。

图 6-42（1）　　　　　　　　　图 6-42（2）

设置完后，单击"确定"按钮，此时"参数"标签如图 6-43 所示。

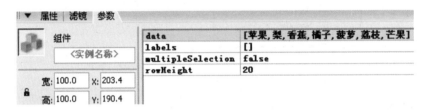

图 6-43

双击 labels 右侧的文本框，在弹出的"值"对话框中，多次单击 ✚ 按钮添加选项，并双击修改选项同 date 输入的相同内容，单击"确定"按钮。此时"参数"标签如图 6-44 所示。

图 6-44

设置完后，按【Ctrl+Enter】组合键即可测试预览列表框的效果了，如图 6-45 所示。

您都喜欢吃哪些水果？

图 6-45

综合实例 6-1　调查问卷

（1）选择菜单栏【文件】→【新建】命令或快捷键【Ctrl+N】，新建一个 Flash 空白文档，文档属性保持默认。

（2）使用工具箱中的【文本工具】（T）在舞台中输入"数码消费调查""姓名：""性别："
"职业：""学历：""您都拥有哪些数码产品？""今年您准备购买哪些数码产品？""您大概
多长时间更换一次数码产品？"，根据需要设置这些文字即可，并将它们安排到合适位置，
如图 6-46 所示。

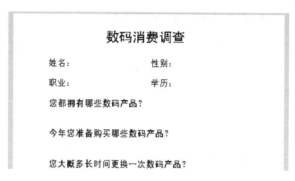

图 6-46

在"姓名："和"职业："的右侧利用工具箱中的【矩形工具】（R）各绘制一个无边框的
浅灰色矩形，如图 6-47 所示。

选择工具箱中的【文本工具】（T）在"姓名："右侧拖拽一个文本框，大小与浅灰色矩
形相同，然后在"属性"面板中将此文本设置为"输入文本"，并在下面的实例名称处命名
为"name"，如图 6-48 所示。

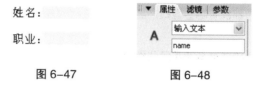

图 6-47　　　　　　图 6-48

配合 Alt 键拖动复制此输入，把文本框至"职业："右侧的灰色矩形上，然后在"属性"
面板中的实例名称处更改"name"为"occupation"如图 6-49 所示。

图 6-49

单击时间轴上的"插入图层" 按钮，创建一个新图层。然后选择【窗口】→【组件】
命令或快捷键【Ctrl+F7】打开"组件"面板。

双击 User Interface 项下的 RadioButton（单选按钮）组件，创建一个单选按钮，然后将
其复制出 5 个，分别放置在"性别："右侧两个，"您大概多长时间更换一次数码产品？"下
面 4 个。如图 6-50 所示。

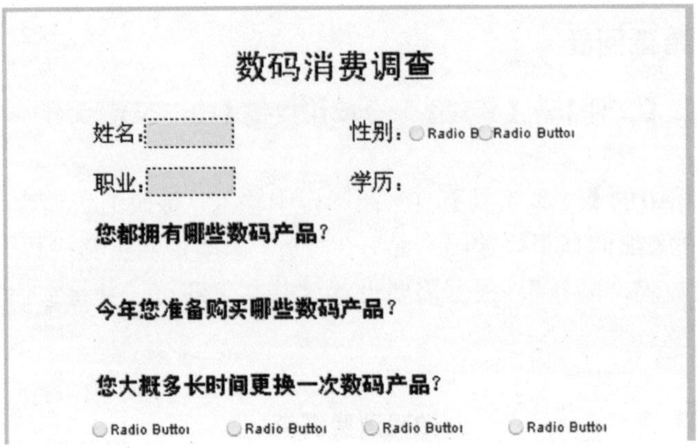

图 6-50

选中"性别："右侧的第一个单选按钮，打开其"参数"面板，在 label 的右侧输入"男"，然后单击选择"性别："右侧第二个单选按钮，在"参数"面板，在 label 的右侧输入"女"。

然后选择单击"您大概多长时间更换一次数码产品？"下方的第一按钮，在"参数"面板，在 label 的右侧输入"0.5～1 年"。

同上步骤，更改其他三个按钮的 label 分别为"1～2 年""更长时间""直到坏掉"且 radioGroup 项都该为"genghuan"。此时效果如图 6-51 所示。

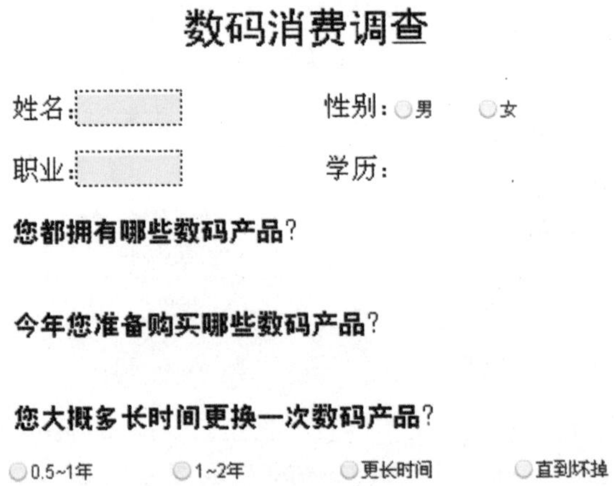

图 6-51

在"组件"面板中双击 User Interface 项下的 ComboBox（下拉列表），创建一个下拉列表组件，然后将其拖放在"学历："右侧，如图 6-52 所示。

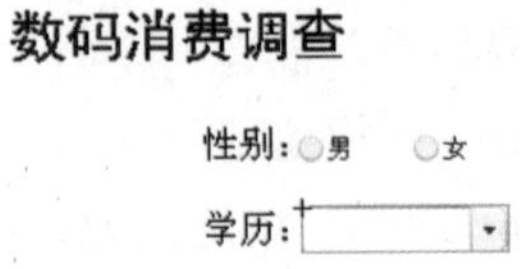

图 6-52

　　单击选中此下拉列表组件，打开"参数"面板，在实例名称处，输入名称"xueli"，然后双击 label 右侧的空格【】，在弹出的"值"对话框中，添加 6 个值，依次为"小学、初中、高中/中专、大学、研究生、博士"，如图 6-53 所示。然后单击"确定"按钮即可。

图 6-53

　　将 date 选项的值设为与 labels 一样的值，其他默认，如图 6-54 所示。

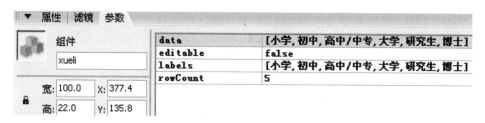

图 6-54

　　在"组件"面板中双击 User Interface 项下的 CheckBox（复选框），创建一个复选框组件，然后将其拖放在"您都拥有哪些数码产品？"的下方。

　　单击选中此复选框组件，并复制出 3 个且调整至适当位置，然后在"参数"面板中逐一更改 label 分别为"MP3""U 盘""数码相机"和"数码摄像机"。

　　选中四个复选框，配合 Alt 键将其拖拽复制到"今年您准备购买哪些数码产品？"的下方。效果如图 6-55 所示。

　　设置好以上内容后，在"组件"面板中双击 User Interface 项下的 Button（按钮），创建一个按钮组件，并将其放置在舞台的右下角处，如图 6-56 所示。

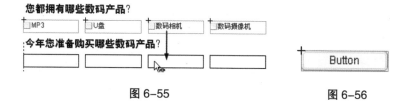

图 6-55　　　　　　　　　　　　　　　　图 6-56

单击选中此按钮组件，在其"参数"中的 label 项右侧输入"提交"，然后设置实例名称为 Onclick，其他参数默认即可。此时舞台效果如图 6-57 所示。

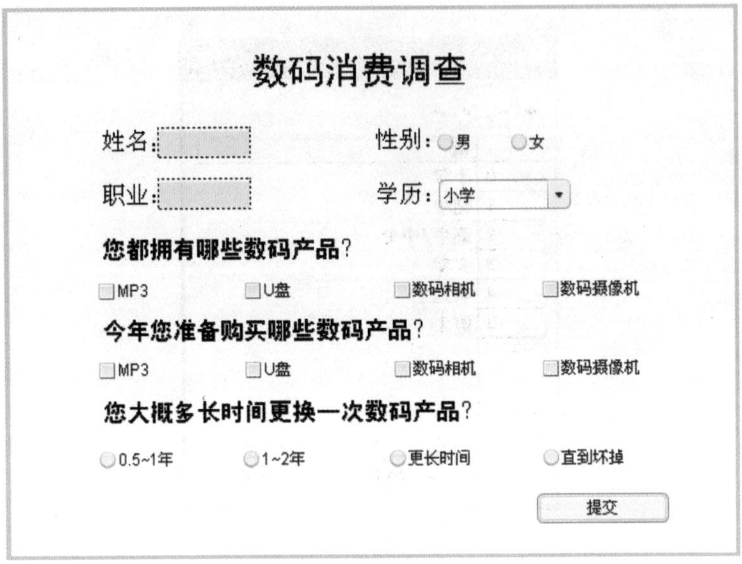

图 6-57

完成以上步骤，即可按下【Ctrl+Enter】组合键进行测试预览了。